一切的改变，从心开始

From heart, we start.

［韩］闵轸熙 著

史倩 译

中国青年出版社

目录 | CONTENTS

前 言

那个清晨，悄然而至的身体麻痹

　　我经常回想起那个清晨。那天，我听着熟悉的闹钟铃声从梦中醒来，但是只有眼睛睁开，身体完全动弹不得。这真是天大的笑话，昨晚上还好好的身体，怎么会在一夜间麻痹了呢？过去从未遇到过这种状况，我忐忑地想，"哎，怎么可能？过一会儿肯定就好了。"可是三个小时过去了，除了眨眼之外，我的身体仍然无法移动。慢慢地，担心和恐惧像波涛一样朝我袭来。

　　事态比想象中严重。我使出浑身解数去活动十根手指，终于在两个小时的挣扎之后，拨通了母亲的电话。这是发生在 15 年前，我 30 岁出头时的事情了。

　　我的身体出了什么问题？回想当时，我刚辞去美国会计师的职务回到韩国，开办了一家注册会计师培训学校。培训学校运营得很成功，在别人眼中，我俨然成了年轻、有能力、取得相当社会成就的女性。

　　那段时间的生活是忙碌而单调的，每天从早晨 8 点工作到深夜 12 点，别说运动健身了，有时连三餐都没有着落，我过着"周一、周二、周三、周四、周五、周五、周五"的生活，一颗心都扑在了工作中。其实，将自己逼迫到这种地步，身体若是能毫无异常，反而奇怪了。仔细回想下，在发生这件事之前，身体已经向我发出过很多信号了。偏头痛、甲状腺功能亢进、过度疲劳导致上课时几乎晕倒……这些现象已经不是一两次了，但是我却没有认真对待过这些警告。

结果在那天早上，一个急刹车后，我的日常生活全部被中止了。紧接着是连续几天躺在病床上。因为身体麻痹无法行动，唯一能做的只有动脑子了。"将来我该怎样过？"我的脑海中闪过无数类似的问题，想得脑袋都快爆炸了。直到后来我才明白，正是那段混乱的时间成就了我的第二人生。

我下定决心并尽快关闭了培训学校，重新回到美国安心休养，也正是这时我认识了瑜伽。瑜伽向我打开了一个前所未闻的陌生世界，让我生平第一次开始窥探自己的身体和内心。

第一节瑜伽课，我接触到很多新鲜的动作名词。我很努力地认真听讲，想分毫不差地完成教练指导的每一个动作，可是身体却不听使唤。想举高右臂时，左臂自动抬了起来；向下弯曲上半身时，大腿就像折断似的剧烈疼痛。待我艰难地做完几十个瑜伽动作后，却听到教练让原地平躺休息10分钟的指示。当时我听得一头雾水。

"为什么运动完还要躺在这里？需要睡觉的话，回家睡不就得了？"

不解归不解，我还是强忍着瑜伽垫上的汗渍，像别人那样平躺下去。瑜伽教练用她奇妙的轻柔嗓音念出一个个身体部位名称，让我们去用心感受那些部位。

"好，现在将注意力集中在你的手指上，感受一下自己的手指。"

乍听到这句温柔的话语，我竟然开始哗哗流泪了。刚开始我也很惊慌，不知道如何面对这样的自己。平时我从不轻易哭泣，却在一堂瑜伽课上莫名流泪……这件事让我惊讶。

这是我生来第一次感受自己的双手。这可是陪伴了我数十年的珍贵的手啊！吃饭的时候，学习的时候，都是这双手在帮助我；担任会计师的十几年里，飞速敲打着计算器和电脑键盘的，还是这双手。可我却从来没有关心过这十根手指。从未好好去感受，也没有珍惜过它们。

那时我还读不懂自己的内心，可如今却幡然了悟了。我流下的眼泪，是对陪伴我数十年的十根手指的歉意。过去的数十年间我从未关心过它们，甚至疏远了我的身体，而这次我借助瑜伽走近了自己的身体。在此之前，我一心为了做自己想做的事情、得到自己想得到的东西而恣意透支自己，同时在无意间忽视了自己的身体⋯⋯

　　在我遇见瑜伽、遇见能够到达内心世界的冥想之前，我以为我眼前看到的外部世界就是全部。我以为朝着自己的目标奋斗，然后享受成功的喜悦，这就是全世界。对肉眼看不到的成就之外的东西，我没有任何兴趣。就这样，我像个醉心于物质世界的人一样，数十年不停地奔跑，变成了自己也不认识的人，孤独、犹豫、善变、浑身带刺，充满攻击性；从外表来看，我实现了别人难以攀比的成就，但是我的内心世界却总是充满纠结。我长时间忽略自己的内心，结果，矛盾在心里堆积成山，外部世界带来的心灵伤痛和负面情绪令我束手无策。这种混乱的内心状态也给我的外部世界造成影响。过去我只根据大脑的判断来做决定并付诸行动，可现在我的内心过于复杂，让我的外部世界也跟着混乱了。

　　更可怕的是，我根本不知道这个事实，就这么活了几十年。想到自己在无边的黑暗中睁眼生活了这么久，我就感到恐慌。我太无知了。我睁着眼，却看不到自己的内心世界，虽然现在幡然悔悟，可人生已然把我逼到了万丈悬崖边。直到这个因全身麻痹被送进医院的紧急时刻，直到意识到自己完蛋了的时刻，我才大彻大悟：只要我还有机会，我一定彻底收拾这个残局，脱胎换骨改变自己。

　　但是这也只是短暂的决心。我从悬崖边侥幸逃脱，岁月继续向前流走，我的生活又慢慢恢复了过去的老方式。不只是身体健康方面，工作、人际关系、金钱……人生中涵盖的所有层面，都倒回过去的状态。因为当时我还不懂得审视自己的内心世界，而且习惯了两只眼盯着外部世界，心中也被迫塞满了功成名就的执念，所以我只能不断地重复这种人生，而且情况持续恶化。其实，我们都不懂自己的内心。虽然一年365天，每天24小时，我们都携带着自己的这颗心生活，但是我们和它并不亲密。

在这本书中，我将通过自己的经验和很多人的亲身事例，来演示了解和理解内心的过程。这将是一次剖析自己的想法和感情、慢慢亲近内心的心灵旅程。在这个过程中，我们内心的实相将一览无遗，心头的伤口也会得到痊愈，我们可以从内心纠葛中脱身出来，恢复自由身，并筑起充满爱和感恩的积极向上的内心世界。简单地说，我和"我自己"的关系会慢慢变得融洽，我也会越来越喜欢自己。然后，当内心变得自由平和之后，我们在外部世界达到的众多成就，也可以毫无负担地尽情享受了。这样，未来的我们就能做出更多更明智的行动，而我们也终将为自己感到自豪——不是因为自己变得更完美，而是因为自己变得更加幸福，更加充满智慧。

 1 起程
遇见我

一天清晨，我漫步在印度合一大学（One World Academy）的校园里。散步也是学校心灵修行的一个课程。我抬头望向天空，遥远的天际已被刚刚升起的太阳染成一片艳红，耳边传来了学校正门前那片碧海的波浪声，悦耳至极，宛如一曲悠扬的音乐。每迈出一步，朝露浸湿后的甜美花香就擦过我的鼻尖。我身边的这一片自然风景，简直美好得难以言表。

可惜我心中压抑了太多的愁绪，以至于在我眼中，眼前这些景致不过是童话书中的一幅漂亮图画。我无法用心观赏、倾听、感受这里的一切。我的脚步只是无意识地朝前移动着，而此刻我的心中正在倒带，回顾着过往的人生历程。

回顾人生，这个词是多么的陌生。过去的几十年里，我从未认真地转过身回顾自己走过的道路。我只是伸着脖子朝前方看，不断向未来奔跑。但是这一次，我在心底不断重复着几个问题，开始回顾此时之前的自己：

"过去数十年间，我到底对自己做了什么坏事？我那么拼死拼活地努力，就是为了今天这副模样吗？将来我也要继续这样生活下去吗？"

当我努力探索这个叫作"我"的人的面目时，眼前浮现了无数过往的记忆。当我看着那一幕幕场景时，我的眼眶，我的心，都变得温热了。

小学三年级，那是我度过的最恐惧、最孤独的一段时间。父母亲在我六岁时就离婚了，我一直跟着母亲生活。在三年级将近一年的时间里，我都和妈妈分居两地，由爷爷奶奶照看。那一年发生了很多事情。在家里，大人们争吵不断，表哥对我也是恶语相向；在家门外，我还多次目睹了自杀的现场。

当时我只有九岁。那一切对我来说该是多么的恐怖啊！我整日活在无边的恐惧中。父亲很久前就离开了我，身边也没有母亲相伴，在我心中不断盘旋着一个声音："我原来是孤身一人啊！"整个世界看上去那么漆黑，我感觉到深深的孤独。本来就孤单的我，变得更加忧伤了。虽然身边也有一些亲人，母亲也不是永远都不回来，可是当时的那个孩子却无法理解那个世界，她的心里感受到的感情就是那样的。她认为这个世界上没有一个人真正去珍惜和疼爱她，她的内心总是那么不安和恐惧，她的忧伤是那么沉重。

幸福无法从外部世界获取，

它源自于我的内心感受。

当内心幸福的时候，

我能够喜悦地接受外部的一切。

当时，在学校里我有一个男同桌，姑且叫他Ａ吧。Ａ十分调皮，而且他总是以折磨我为乐。我珍惜的铅笔、橡皮、笔袋，他通通抢走。有时候，我将作业本忘在家里，他就乐颠颠地跑去老师那里告状。我玩跳皮筋时，他会跑过来割断皮筋然后迅速逃开。一句话，他简直就是个淘气鬼。

但是我却开始暗恋上这个折磨我的Ａ。在整个三年级的时间里，我一直心系着Ａ。"今天他会跟我说什么？他会怎样对我？"我心里暗自期待着。如果某一天Ａ的一句话、一个表情、一个行动让我感觉到他其实也是喜欢我的，我会为此激动得整日心绪飞扬。但如果又一天他的行动让我感觉他对我其实没有特别的感情，我又会内心痛苦，烦恼无比。我有时候甚至会想："如果他没有出现在我的人生中，我的生活会是怎样的呢？"那一年，我的脑海里都是那个男孩子的身影，我的生活也如同一场场连续不断的暴风雨。

待我成年之后，也会偶尔想起那段时光。我当自己是"情窦初开"，微微一笑，也就过去了。但是，那是非常表面的想法。当我接触了心灵课程、更加了解自己的内心后，我才知道当时那并不是爱，只是执着的开始。我只是将我空虚的、不知所措的、伤感的、孤独的内心，全部转移到了那个男孩子的身上。因为当时的我急需一个途径，来安慰下自己无处安放的孤寂心灵。

从那时起，我不再懂爱，不会付出，也不懂把握。我用"执着"掩盖了爱，并一天天将它喂养大。那种执着之心如同颜料，将我的整个人生都染上了色彩。对人的执着，对物的执着，对外貌的执着，对吃的执着，对工作的执着，对完美的执着……执着慢慢在扩散，颜色越变越深，侵袭了我人生的各个角落。

一成不变的偏执游戏

从那时起我开始了执着的游戏。不管是人还是物，只要被我看中了，游戏就宣告开始。游戏的对象很多样，恋人、老师、挚友、同事……每场游戏的对象和强度都不相同，但是执着的方式却一成不变。

最初，我会在心底打造一个关于他的完美形象。然后我开始臆想，只要他来到我的生命中，那么一切都会变好。我把他与过去的某个人作对比，然后心想："你是不同的吧？这次一定会不同！"为了让他也喜欢我，只要是他想要的东西，不论

我们觉得控制自己幸与不幸的那个情况、那句话、那个人，都只是我们的错觉而已。用怎样的方式给这些东西赋予意义，这才是给我们带来幸福或不幸的原因。而那个人和事本身并不会让我们幸福或不幸。这是多么万幸的事啊！试想，若我们的幸福与不幸由外部的事情或人来决定，那么除非这些因素改变了，否则我们无法幸福起来。

是什么，我都会无条件去满足他，即便是牺牲我自己。哪怕我再忙，只要是为了他，我也会挤出原本没有的时间；哪怕是我讨厌的东西，我也可以为了他而去努力喜欢。

我这样兀自努力着，有时也会迎来一些"他的确喜欢我"的告白时间。当他对我说出那些话时，我心中会想："你就是我命中注定的那个人，只有你在我身边，我才活得有意义，只要看到你，我的心情就好，只有你才会对我这么好。"他一句肯定我的话，一个微微的点头，一个微笑的表情，都让我强烈感受到自己的存在感和价值。在确信我对他来说也很重要、我是他不能缺少的人时，我就能感受到自己还活着。那种感觉真的让我战栗。

但是稍微过些时日，那种战栗的快感就消失了，接下来占据高峰的是空虚和不安的内心。我心中又开始奇痒难耐，我急于再次验证他是否仍然觉得我很特别。

执着源自我孤寂的内心，不管怎么填充，就像是竹篮子打水，永远也填不满。不管我再如何努力，心中总有几分不足，欲望越来越大。我只想再次听到他上次说过的话，看到他上次对我露出的表情。为此，我更彻底地去付出，掏空所有，甚至不惜牺牲自己。

可是不管我如何拼命表现，他却不再作出我期待的回应。

反而像故意似的在我面前称赞其他人，对除我之外的另外一个人表示出更大的兴趣。每当这时我的内心就会彻底崩溃，心灵受到深深的创伤。他的一个表情、一句话，都可能让我联想到最凄惨的未来。我的内心陷入极度恐惧中。

"他不爱我怎么办？他更喜欢其他人怎么办？他看到我的缺点怎么办？他觉得我很一般怎么办？"我总是在心里自言自语。"是因为这个，他才那样吗？还是因为那个？"我心中开始不停地揣测，我用各种推测和估摸出的"事实"写出了最恶劣的剧本。而且我自己也如同站在悬崖边上，被不乐观的未来折磨。其实真正的事实是，这一切都是当事人——我自导自演的悲剧。

我被内心的担忧控制了，所以时刻怀疑对方的真心，不断通过"巧妙的"测试来验证他是否真爱我。测试的结果如果令我满意，我就暂时放心；可如果他背离了我的期许，我就会在心底幽怨自怜："我对你付出了那么多……"我越想越委屈，越想越伤心，然后我亲手把自己变成了悲剧的女主角。

可是即便内心这么痛，这么累，即便烦闷得近乎无法呼吸，我的执着游戏从未停止。而且越执着，越痛苦，我越是无法放弃。为了得到他，我更加猛烈地出击，更加彻底地付出。有时候我的这番努力也会迎来反转局面，变成他开始对我执着。

从这时起我的内心不再觉得他珍贵了。就如同拉下电闸一样，情况瞬间突变。我觉得有些腻烦，甚至会对他大发脾气。在他真正成为我的人之前体会到的那种坐立不安和焦急，消失得极快，那速度简直让我叹为观止。现在我看到了他的缺点。我的心将他和其他人作对比，开始没完没了地揪出他的缺点。我将他放在我内心的砧板上，一处处搜寻，不停地判断、评估，恶毒地进行贬责。

　　直到这一刻，我才打破了曾经那个"得到他，我的人生就会变得完美"的幻想。我在内心为他塑造的完美形象开始坍塌。面对这个情形，我再次失望、愤怒、伤感。我开始怨恨他，觉得我所有的不幸都是因他而起，将责任全都转嫁到他的身上。最后，我将他从我的心里推了出去。

因为不安，所以执着

　　在游乐园坐过过山车或者海盗船吗？执着游戏和乘坐这些游戏器械的感觉十分相似。速度瞬间攀升，在到达高点处陡然下落时产生强烈的不安和恐惧感觉。但是在这种焦灼中又体会到一种刺激的快感，让人十分过瘾。所以人们虽然害怕，却总会一遍遍去玩这些游戏。

执着游戏也是一样的。为了将不属于我的东西占为己有，心中非常焦灼；当拥有之后又担心失去，所以不安；万一失去了，又为了重新拥有而再度不安。在这种来回拉扯中感受到的不安感，让我时刻能够认知到自己的存在，享受劲爽的刺激感。所以当我陷入执着游戏后，即便想停也停不下来。因为不安正是执着的燃料。

而当他一旦完全属于我，那份不安的理由就消失了。这意味着执着的燃料全然不见了，那么我就能毫无留恋地将他从心中剔除出去。因为没有刺激，也就没有了存在的必要。我的内心不再对他感兴趣，心中竖起了厚厚的高墙，和他不再有任何联系了。就算仍然与他面对面说着温情的话，我的心也已经离他远去了。

执着，从头到尾，它完全是从我的内心生发，我独自一人喜欢、渴望、不安、失望、愤怒、伤感，最终它也是从我的内心结束。多么不可理喻的行为！这份偏执中完全没有为他人着想的成分，纯粹是为了自己。

"他怎么看待我呢？对我满意吗？喜欢我还是讨厌我？我刚才表现得还不错吧？觉得我很特别吗？"

我心中的所有问题都只是围绕着我自己的考虑而已。

就这样，我在自己主演的电视剧里，只想着自己，还误以为那就是爱。我一直活在这种错觉中。让我痛苦的东西，正是这种彻头彻尾只为自己考虑的执念，可我却浑然不觉，错误地以为是他人伤害了我的心，让我过得这么辛苦。我过去以为那就是人生在世唯一的生存方式，所以多少年来我一直在不安和焦虑中浪费了时间和能量。

我都不知道自己在玩执着游戏，拉着这个人、拽上那个人来到我的心里，反复地进行这个游戏。但奇怪的是，我越执着，就越害怕人。我自己都没有注意到，我当时是非常害怕那些人的。准确地说，是害怕和讨厌受伤。和对方的关系变得亲近后，我内心受到的伤害就更深、更频繁。而每当我受伤时，又不知道该如何处理，所以更加茫然。然后害怕再次受伤，心里便开始恐惧。

所以我选择远离人。我和人们保持着适当的距离，不让外人看到我的内心，只是维持着礼貌的程度，进行着浅层次的对话。我也很努力去保持自己划定的内心的界限，然后以工作为借口开始逃避。家族聚会、朋友约会、同学聚会，我通通都避开了。

我嘴里说着一个一成不变的理由："对不起，工作太忙，去不了了。"工作成了我最好的借口。时间久了，我慢慢被周边的人遗忘。"今天轸熙也来吗？"变成了"轸熙工作忙，估计今天也来不了吧？"人们不再来询问，我已经被认定为"当然不参加"的人了。我反而觉得这样更自在。当时工作就是我能够安心藏身的宝地。

我内心一直这样想："人们不会总随我愿，他们让我受伤，可工作却能由我掌控。只要我努力工作，就能得到相应的回报。只要我自己做好，事业就能成功。"

当时我并不知道这种想法错得离谱。而且当我获得第一份体面的会计师事务所工作时，更加笃定了"工作不会背叛我"的信念。

事实上我进入大学的头两年，对学习一点儿不感兴趣。我奔波于好几份兼职工作中，忙着和朋友们玩乐。时间过得飞快，我转眼进入大三，也开始面临毕业后的出路问题了。就是那时，我通过一起在餐厅工作的朋友了解到会计知识。我对会计产生了浓厚的兴趣，接下来的一个学期便攻读了会计学，没想到它竟然很契合我的性格。从那时起，我学习时也体会到了愉快感，我付出了别人无法比拟的努力，只为学好会计知识。我一边梦想着毕业后进入大型会计师事务所工作，一边繁忙地度过了我剩余的大学时光。

无处安放的内心

大四第二学期，就业竞争拉开了序幕。美国大名鼎鼎的八大会计师事务所也开始进行公司宣讲，开放公司参观日，来招聘优秀的应届毕业生。八家事务所都是世界一流的知名公司，我也心怀美好的憧憬，认真开始准备面试，希望能够将八家名企一网打尽。我将面试中可能会出现的数十个问题和场景一一写成剧本，反复地演练。

我来到面试地点，发现自己是等候面试的人中唯一的韩国女性。面试官都是面无表情的白人男性，我尽自己的最大努力，在他们面前充分展现了自己精干的一面。

不久后得到面试结果，我通过了这八家事务所中的六家面试。在对东方人、尤其是东方女性向来薄情的波士顿地区，竟然有六家事务所录用了我，这让大家大为吃惊。我在这六家事务所中选择了波士顿评价最高的永道会计师事务所（Coopers & Lybrand），开始了我的会计师生涯。我在踏入职场的第一步中，便感受到了强烈的工作成就感。

也是从那时起，我将生活的全部精力都投入到工作中。但是我有一个很糟糕的恶习。按理说，那么艰辛获得的工作，我理当更有韧劲、更有毅力地长久做下去。可是我却有不能老实在一处栖居的习惯。我在这家公司工作没几年便跳槽到了美国西部另一家大型会计师事务所。当然，在那里的工作也只维持了短短几年，然后我就回到韩国，进入了一家跨国咨询公司。在这家咨询公司的工作也没长久，不久我便离职开办了一家会计培训学校。会计培训学校也不例外。学校创办初期成长势头非常好，但是几年后我就完全收手，转身进入瑜伽和冥想领域，开办了一家瑜伽学院。

"什么？这次你要办什么？瑜伽学院？你确定会瑜伽吗？"

当我甩手丢开"会计师"的身份，开设瑜伽学院的时候，周边很多人都是这种反应。

我就这样每几年换一次工作，我每每放下光鲜的身份和艰辛得到的职位，另寻他路时，内心都有自己的一套理由。但是

将注意力多放在那些能让内心更美丽的地方，

经常去感受和培育爱和感恩之心。

当我们的内心变得美丽时，

我们人生的每一天都会更加美丽。

当我如今回头看去，才发现了这一幕幕如同连续剧重播般的故事情节。

比如，刚进入会计师事务所时，一切都如同梦境。穿着讲究的正装，手提精致的公文包，每天出入这间聚集了业内鼎鼎大名的专业人士的办公室。我感觉自己就是一个成功的职业女性，心中暗喜，别人安排的所有工作我都欣然接受了。即便是在复印室连续几个小时进行复印，我也乐在其中。各种苦活累活我都认真对待，尽力去处理妥帖。几个月很快就过去了，我参与的第一个项目马上就要收工，项目负责人要对每个组员进行业务评估。可对我的工作反馈却出乎我的意料。

"嗯，做得不错。但是你应该在人际交往方面更积极些。你平时好像太沉闷了，有必要表现得活跃一些。"

我顿感荒谬。怎么样才算比现在更加积极呢？我已经尽了自己最大的努力，非常努力地工作。是因为我是东方女性所以才这样吗？是人种歧视吗？在超过1000名专业会计师工作的这家事务所，我是唯一的一个韩国女性。除了我，还有几名中国女性，但无论怎么看她们都比我更加安静。为什么唯独我的工作评价是太过沉闷呢？我内心十分受伤。

当时我还没有察觉，我从那时起就在心中将自己和公司分离开来，暗地里开始怨声载道。只要和一些合得来的同事聚在一起，就和他们一起说些对公司的不满。此后做什么工作都失去了最初的那份喜悦和努力。时间久了，我更是只看得到公司令我失望的地方，满脑子都在寻思"不能在这儿待着的理由"。

"我是女人，而且还是东方女人，在这里不论我再怎么努力，有什么用呢？公司真的会认可我吗？"事实上，公司并不是真的这么糟糕。也有一些重视我的领导，我也学到了很多东西。但是我的内心却看不见那些好的一面，只是偏颇地收集着各种不满和抱怨。

如果说对公司说三道四是第一阶段，那么第二阶段就是做好逃离的打算，暗地制定离职计划了。"哪家公司比这儿好？去哪里能得到更高的赏识？"在我离职前最后六个月，工作期间我一直在想着这些问题。内心里不断谴责公司，同时制定了去其他地方的计划。

最后我在美国西部另外一家大型会计师事务所谋取了一份职位。为了避开人种歧视，我还刻意来到韩国业务部门所在的独立办公地点。"这里会不同吧。这次肯定不同。"我满怀信心来到了新的公司，再一次倾注我的热情，但过去一些时日后，我再次发现"这家公司也不是我想要的"。如果说上一家一千多人的公司歧视我这唯一韩国女性让我受伤，那么这次好像是公司所有部门在歧视我们这个韩国业务部门，我更加受伤。尤其是资历比我深的韩国同事在美国人面前不能堂堂正正提出要求，看上去很卑微的时候，我内心充满了愤怒。我对第二家公司也开始失望了。我想，"回到韩国应该就有所不同了"，于是我回到韩国，进入了一家跨国咨询公司。后来又没过几年，我再次离职，自己办了一家会计培训学校，再后来又陷入了瑜伽和冥想中。

每次我都是抱着"这次会不同吧？这次肯定不同"的期待变换着人生的舞台，变换着身边的人。但是我面对的现实却从未改变。我在一处待久了，就会脱离事先画好的理想模型，我心中的失望情绪就会不断堆积。我陷入"这儿也不行"的思维定式，然后在内心划出界线，生出了警戒心。公司和我，其他部门和我们部门，领导和我，下属和我，他和我……就这样，我将一切都分离成两个对立面，在内心不断批判对方。为什么我比他强？为什么他比我差？为什么他比其他人差？在这种比较中，我总是让自己处于优势，将对方置于劣势，然后及时寻找更好的去处。

所以我在很久的一段时间里，都在换人，换场所，换工作。我很愚昧地活在错觉中，认为只要那么换一换，就会有所不同。就如同拿着同样的剧本企图拍出两部不同的电影一样，我在内心"原地不动"的情况下，活在"现实一定会改变"的妄想当中。

"完美自我"的假象

我观察着我的内心，思绪再次飞回了小学三年级。当时那种寂寞的感觉让我受伤太深，以至于我对人产生了疯狂的执念，可一旦被这些人再度伤害，我就立刻将他们推开，最后我把自己变成了孤单的人。在我习惯了被伤害之后，开始拿工作当借口来逃避人群。我对工作执着之后，又开始批判公司，指责同事，再一次让自己孤立起来。然后我着手制定从这个人、这个公司身边逃离的计划，再次让自己陷入寂寞当中。我一次次转身背对曾经的好友，佯装无所谓地离开曾经抛洒一片热情的工作单位。可我根本没有意识到我为什么要这样对待自己，让自己一再地陷入孤独。

我推着"执着"这个巨大的转轮，当执着游戏结束时，就会回到孤独的原点。任何事情都没有改变。唯一的差异就是我和身边人的内心都蒙受了更大的伤害。这种游戏反复太久了，内心也会疲倦，疲倦到极点时内心也会无法继续游戏了。但是这时的休息只是短暂的。只要它积蓄了一点力量，就会再度寻找执着的目标，以填补自己的空虚。

当我思考"我"这个人时，脑海中总会浮现一个形象——每日被鞭笞着不断狂奔的赛马。当我没有极速奔跑时，我就会像鞭笞赛马一样教训自己。不奔跑更是不被允许。所以不管我的生活有多累多疲惫，我总是无条件地持续奔跑。这就是我过去人生的写照。二十岁以后比十多岁时严苛，三十岁以后又比二十多岁时更甚。年龄越大，我对自己越严苛。即便我想停止这种心念，也停不下来。毫无理由地停下来休息时，我会感觉"好像哪里出了问题"，我没有给过自己放松身心的机会。

事实上除了我自己，没有人催促过我。任何人都没有强制我去做某件事。但是我的心却总是强迫我。为什么我要这样虐待自己？为什么我要勒紧自己的脖子？我为什么会那样做？

数十年间我一直在心底追求完美。我想在所有的方面都做到完美。漂亮，聪明，潇洒，有责任心，能力强，事业有成，品行善良……我想变成人人都喜欢的那种人。在我自己勾勒出的"完美自我"身上有无以计数的项目。我迫切想用完美来填

当你在心中体会爱和谢意时，内心就没有恐惧的容身之地了。因为这两者是无法共存的。当你怀有感恩之心时，就会迷惑过去自己为何会害怕，当揪出来那些让自己害怕的想法时，会不禁轻声失笑。

充小时候的各种缺陷——没有父亲的缺陷，移民后英语不流畅的缺陷，在学校成绩不突出的缺陷，脸蛋不漂亮的缺陷……当我将自己和别人作比较之后，总觉得自己浑身都是缺点。

于是当我看到一部喜欢的电影，读到一句打动心扉的句子，看到我欣赏的朋友、老师、同事的模样，我都会一一刻印下来，追加到"完美自我"的形象中去。久而久之，我心中完美形象的标准越发苛刻，而我无论多难也要努力变成那个样子。所以我在过去的每一天都在朝着内心那个"完美自我"不断地奔跑。当那些缺陷被填满的那一天，我就觉得自己赢得了这一回合，深深吐出一口气。如果我从那个"完美自我"的框架里偏离出来时，我就觉得自己一溃千里，心中一片慌乱。

那是在八年前我出发去印度的前一天。在旅行之前要收尾的工作堆积如山。工作上的事务一件压一件，家里也一片杂乱，还要收拾旅行箱……动身之前要做的事情好像多达 100 件。已经是深夜了，我还在为了完成那 100 件事情中的一件开着电脑，飞速敲打着键盘。前一天晚上我已几乎一宿未睡。当时我已经极度疲乏了，可我根本停不下来。

我那颗不断敲打键盘的内心，就在乘坐一列叫作"感情"的过山车。想到还有 99 件事需要熬夜做完，我的内心烦躁不已。接着想到："看起来手中这件事要花很长时间，其他的事要是做不完怎么办？"内心又被担忧纠缠。极度疲惫之后，我又陷入悲观的伤感之中："我好累啊，实在做不了了。我到底为什么要活得这么辛苦？"但是那个如同宿舍管理员般恐怖的我的内心，却时刻在监视着我，而且它的手里也拿着一根可怕的教鞭。我只得咬牙忍耐，坚持做着手中的工作。烦躁、担忧、伤感混杂在一起，我的眼泪开始一滴一滴地流下来。我想，如果有人看到那个一脸汪洋趴在电脑前工作的我，肯定以为我发生天大的事了！

亲手扼住我的喉咙

其实我日常生活中经历的诸多事件，并不是什么惊天动地的大事。但是我的内心却将它们编排成"伟大"的故事，心中兀自乱成一团。这么多年我一直以这种残忍的方式折磨着自己，却毫不自知。我一心认定这一切的苦痛都是因别人而起，因客观事件而起。

比如我初进会计师事务所时，因为是基层新职员，我想不论有多苦，只要我在公司一天，就一定要奉献出自己的一切按照公司的指示做事。当慢慢积累起了资历和工龄之后，我负责的事情增多了，所以我只能一刻不停息地去干活，而且我也觉得这样做是理所应当。

我为自己的辛苦过活制造出无数理由。可我却固执地以为，这些辛苦的肇始者不是我，而是公司、领导等外部的客观事件和人。但是后来我突然发现，在我自己开办的瑜伽学院，在我自己的家中，我同样活得很累。那么这时我又该埋怨什么，又该埋怨谁呢？

"现在太累，休息一下，明天再做吧！""出去旅游一下，回来再继续干！"这种想法我根本不敢想。其实，即便我这么做，天也不会塌下来，世界也不会灭亡。可为了彻底执行"完美自我"，我的内心根本不容许这种想法存在。

我就这样压抑了自己几十年。数十年间，我的"完美自我"欲望不断滋长，最后终于堵住了我呼吸的要道。在过去的日子里，我教训想偷懒的自己，指责犯错误的自己，稍微偏离完美形象时就自我鞭笞。真的，我对自己严厉得连我自己都不敢吭声。所以，我只得制造出很多自我辩解的借口，比如生病了需要躺下休息，或者出了交通事故只能暂停工作等。我给自己制造了各种脱身的借口。我一直看着自己的眼色生活。

难道我只对自己这样吗？不是的。我对别人像对自己一样，也严格要求。虽然我对维持适当距离关系的人比较宽容，但是和我真正亲密的人，我就没有人情可讲了。我总是尖锐地指出他们的缺点进行批判，也监督他们像我一样朝着完美不停地奔跑。我让他们学会了看我的眼色，可我也一直在看着这些看我眼色的人的眼色。

我一直将向自己和别人证明"我很完美，我很出色，我有能力，我是好人，我很善良"作为人生最重要的目标。可是最后，我却变成了与爱、幸福渐行渐远的人。我的每一天都充斥着埋怨、烦躁、愤怒、自责、忧郁和乏力。更可怕的是，我对这些消极的情绪竟然习以为常了，以至于我对自己的内心开始变得麻木，完全意识不到自己在这样活着。我和"我"越来越疏远了。

让我遇见我自己

不知道我在将蔚蓝大海尽收眼底的合一大学校园里漫步了

多久……当我回过神来时，太阳已经高悬空中，独属于印度的炎热晨光非常耀眼。花园中不知何时走进来几个工人，在修剪草坪，洒水浇花。全新的一天又开始了。我继续走着，心底一直追问自己。

"要继续这样强迫自己辛苦工作吗？要继续这样让自己变得孤独吗？要继续这样不知幸福为何物地活着吗？要继续这样只懂执着、不懂爱地活完下半生吗？难道不能改变现状，活出不同的自己吗？"

当我抛出这些问题的时候，我的内心都会这样回答我："轸熙啊，现在真的停下来吧。我再也不想伤害我了，再也不想让自己变得孤独了，再也不想让自己这么劳累了。"

我再也不愿意在这种孤独中浪费自己的一分一秒了。不只是孤独的生活，我甚至也不再想要这种"维持适度距离"的生活了。我想幸福地活着。我不再想要执着，我渴望一份能够付出和收获爱情的人生。当我内心这种想法越来越强烈时，我甚至止不住地流下眼泪。但是这次的眼泪和八年前在电脑桌旁流下的眼泪是绝然不同的意义。这次是我发自内心为自己而流的眼泪。我真心祈求我的幸福。我急切盼望自己能够因喜悦而笑，因幸福而内心温暖，因为爱而心情舒畅。我再也不想奴役自己了。我不想再鞭打自己，我想爱上我的全部，无论好与坏。

就在这时，我突然听到有人在我耳边温柔低语："轸熙，你很珍贵。不管别人怎么说，你都非常珍贵。"

刹那间我的心好像融化了。几十年来，我因为害怕孤单，害怕受伤，为了不去感受任何外部事物，而在心中竖起的那堵混凝土高墙，一瞬间倒塌了。在这一刻，过去那个因为无法正视自己的缺点，而不断否定自己、对自己很残忍的"我"，终于第一次感受到了对自己的疼爱。"我"终于愿意来见自己，这才强烈地感受到回家的感觉。在走路的我的腿，我的心脏跳动声，皮肤上如同水滴般流下的汗珠，一切都是那么的鲜明。我感知到自己的身体，我听到我的呼吸声。原先置身千里之外的"我"，如今终于在看自己、听自己、感受自己、喜欢自己。

我的嘴角浮起一丝微笑，这是对"我"绽放的一份心意。直到此刻，那些原本就包围着自己的美丽景色，才进入我的眼睛里。原来花儿是这样红，香气如此馥郁，天空是那么辽阔，海的声音是那般雄壮……我好像第一次遇到、听到、感受到身边的这一切。这时，"原来这就是幸福啊"的想法在我脑海中一闪而过。什么都没有改变，什么都没有增加，也没有取得更多成就，可我的内心却遇到了幸福。

过去，我做着自己想做的工作，得到自己想要的东西，吃着自己想吃的美食，穿着自己想穿的衣服。我错误地以为那就是幸福，因此白白浪费了数十年的时间。但是如今清醒后才发现，那并不是幸福，只是一种快乐而已。

幸福和快乐是不同的。"幸福无法从外部世界获取，它源自于我的内心感受。"我如今才彻底明白了这句话的真谛。我也很自然地醒悟了何为"当内心幸福的时候，我能够喜悦地接受外部的一切"。我突然拍了下脑袋，原来只需要我见一见自己就能办成的事情，我却走了那么远的路。

印度合一大学的萨摩达施尼（Samadarshini）老师提出的那个问题，再次回响在我的耳畔。

"你展望过你的内心状态吗？你想如何度过内心世界的人生呢？在爱、幸福、喜悦中生活真的很重要吗？"

这些问题，过去我从未思考过。在此之前我从未对自己的内心状态进行过规划。我也想不到这个层面的东西。以前我从未觉得幸福愉快的生活很重要，我根本没有替自己考虑过这些问题。但是就在那天早晨，我真真切切地想要拥有那样的规划。我有生以来第一次感受到对自己的爱，第一次真心渴望自己的幸福。不管人生还剩下多久，我都想珍惜我自己。我希望那些能用内心体会到的全部美好，都能在我的人生中实现。

我的脚步逐渐慢了下来，然后在某个瞬间完全停止了。我的心中感受到一种平和，还有那份悠然而至的幸福，那种微妙的感觉真是美丽得无法言表。我停止了一切动作，只想静静地去感受。数十年间一直绷紧着的脸部肌肉，好像也都变得柔和了。然后我对自己笑了笑，说道："原来这才是活着。原来这才叫生活。我想这样活。"

2 我们生活在
两个世界

　　小时候，我想赶紧长大，去上大学。我以为成了大学生，成了大人，生活就会更加舒适，更加美好。当我成了大学生，又想赶紧有份工作。我以为有了一份工作，我就会更加自信，生活会更加稳定。当我进入了职场，又想赶紧做些我自己的事业。我以为不受组织或者上司的管束，尽情施展自己的抱负，生活就会更轻松、更自由。

　　我内心的一角，总有一个漠然又虚幻的梦——一帆风顺、安乐祥和的完美人生总有一天会到来。现在我早已过了不惑之年，可仍然没有等到这一天，我也不再期待它总有一天会到来了。

　　问题、困难、难关都是人生的一部分。人生中的难关就像大海里的波涛，会不断袭来。有时候波涛会平息，所有的问题也能顺畅解决；但有些时候，也有一些如同海啸般无法掌控的困难会来临。人际关系的纠葛、职场的烦恼、突如其来的事故、健康恶化、经济窘迫等人生中的众多难关会以多种多样的面貌出现在我们面前。有些是我们能够预想到的困难，还有些可能是做梦也预料不到的事情。不管如何，困难的事情肯定会像波涛一样袭来。

何止如此。即便你历经了世事、饱经了风霜，下一秒碰到的难关也可能是全新的，让你不断感叹"这种事还是头一遭"。发生的事情千奇百怪，又让你纳闷："怎么偏偏是我遇上这等稀罕事？"

我好想克服所有的难关。我想知道，站在选择的岔路口时该如何作出最智慧的抉择。为什么呢？因为这种问题无数次地在我人生中出现，我每次都不能智慧地应对，所以我总感觉自己活得很失败。那种感觉就如同迎面扑来汹涌的波涛，而我却因为不会乘风破浪一次次被卷入水中，或者说被大浪拍打在沙滩上。我好想潇洒地乘着生命的波涛，肆意享受人生。

当我开始进行心灵修炼，才明白我生活的世界不只一个，而是有两个：眼睛看得到的外部世界，和眼睛看不见的内心世界。而在此之前，我彻底地忽视了内心世界，只通过学校、父母、老师、社会学到了在外部世界生存的方法。我虽然学会了取巧生活的方法，却不懂得智慧生活的真谛。虽然找到了获得成功的途径，却不懂得觉察内心、消解内心隔阂的正道。每次在外部世界遭遇难关时，不管我年纪多大，还是一如既往地慌张，内心总是非常迷茫。

我通过心灵修炼获得的最重要的一点感悟：棘手的"难关"虽然是在外部世界发生，却会诱发内心世界的"痛苦"。难关和痛苦，这两者分明是不同的，克服和应对的方法也不同，但是几十年来我却一直以为它们是同一种东西。我将这两者混为一谈，用同样的方法应对，结果是内心一如既往地痛苦，难关依旧无法逾越，很多时候问题还会愈演愈烈。

外部世界的难关，内心世界的痛苦

例如，因为家中沉重的经济负担而拼命赚钱时，为了养家糊口熬夜学习一门新的外语时，突然离职的同事将工作甩手扔给我时，这种种的困难局面都算是现实中的难关。当遇到这些情况时我们可能会很劳累。比过去陡增的工作量，让你的身体疲惫；挑战完全陌生的事情，让你感觉吃力。但攻克难关的时候，并不一定伴随着痛苦。虽然客观事实如此，但我们在遇到难关时却总会主动唤来痛苦。"痛苦"，意味着那些诸如烦躁、愤怒、自卑、嫉妒、害怕、不安、伤心、挫败、犹豫、寂寞等一切消极的情绪。

赚钱养家时，如果你不理解"为什么我生在这种家庭？为什么我的运气这么差？朋友们都过得很滋润，为什么就我受这份罪？我也好想像朋友那样肆意挥霍金钱啊，为什么我过得这么寒酸？"反复咀嚼着这些话，陷入无尽的埋怨和怒火当中，这就是痛苦。

学习外语时，如果你嘟囔着"为什么就我学不会？那些人和我一起起步，却比我说得棒多了，为什么我小时候没有机会学习这些东西？为什么父母没送我去留学，让我受这份苦？为什么我的脑袋这么不灵光？"陷入不断自责的泥沼，随时引爆自己的脾气，或者将自己和别人进行对比，最后被强烈的自卑感折磨，这就是痛苦。

接手同事的工作时，如果你抱怨"他怎么能说离职就离职？太缺乏责任心，太自私了。一点都不为别人考虑……我这是在受哪门子的罪啊？我为什么要做这些事？我要做到什么时候？该不会让我一直做这个吧？我的人生还真是没有安稳的日子啊！"一边埋怨着同事，一边感叹自己的身世，一会儿烦躁，一会儿不安，一会儿又消沉忧郁，这就是痛苦。

　　比起设法攻克难关，我们更容易过度释放这种痛苦的情绪，更容易夸大眼前的现实，歪曲事实，然后轻易相信这种假象。其实，只要能积极尝试的话，即便过程会辛苦，但最终肯定能攻克眼前的难关。可我们却被卷入内心的痛苦当中，沉陷在愤怒、怨恨、自责、伤感的情绪中不断挣扎，最后耗尽自己全部的能量，再也没有心劲去采取行动了。退一步说，即使你也采取了一些行动，可在整个过程中你的内心一直处于痛苦当中，非常耗神劳心。

　　我想学会战胜愤怒、害怕、忧郁之类的消极情绪，摆脱自己的痛苦。但是我想要的却不是如何将痛苦的思想转化成积极的想法，或者如何改变自己看待事情的角度。那些方法只能让我从苦痛中短暂逃脱而已。另外，我也讨厌用"人生就是这样，上辈子造了太多孽，我天生就是这种命，老天在惩罚我"之类的卑微想法来压制、掩盖痛苦。我不是要忍耐和接受，我想将痛苦连根拔起，彻底消灭。我感觉只有内心没有了这些苦痛，做事情时才能百分百地理性应对。痛苦是内心世界的活动，所以只有读懂了内心，我才能真正克服痛苦。于是我围绕着这个问题，开始了自己的内心修炼。

　　然后我来到印度。在这里学习的某一天，萨摩达施尼老师通过举例提出了一个问题。

"假如过去是父母让你难过，现在则是配偶、子女、公婆、朋友、同事、上司等其他人让你难受。但是你现在已经成为大人了，可应对方式却和小时候没什么区别。有些人遇到挫折就和外界切断联系，躲避到自己的世界里。这和小孩子遇到不安的状况就藏起来是一样的。有些人有勇无谋地正面迎战，结果让局面变得更加糟糕。有些人满口胡言，有些人一哭二闹三上吊。也有些人坚强地撑了下去，但他心里忍不住埋怨别人，也让自己陷入难过的泥潭。

"随着时间的流逝，让我难过的事情和人都在变，唯独我们的内心永远是老样子。这时候，我们怎么能期许出现不同的结果呢？如果我们每次面对全新的难关，内心思考的方式却一成不变，那么我们的反应也不会改变。我们怎么能期待自己的人生会越来越好呢？如果你渴望一个不同的未来，你的思考方式就必须要有所革新。"

我听着老师的话语，脑海中自动放映着我和身边人周旋的场景。我看到自己每次都怀着"这次会不同"的期待，结果却什么都没有改变，总是重复着同样的失败。开展新的事业时，期待"这次会不同"；和新的恋人交往时，期待"这个人会不同"；移居到新的城市时，期待"这地方会不同"；进入新的公司时，期待"这里会不同"。诸如此类，总是期待这一次会有所不同，但结果却总是一样，陷入矛盾、失望、愤怒和失败当中，有时候还会经历比过去更惨重的失败。萨摩达施尼老师讲的话都是很容易理解的真理，可我这几十年却一直错过了它。

一切的事情都从内心生发。人们用心思考、感受，然后在这些想法和感情的基础上，决定做出某个行动，又通过实践这个行动而创造出了现实的结果。如果我们持续用同样的方式思考，最后的结果自然无法改变。可是我过去却不明白这个道理。

而且说实话，我连自己用什么方式思考都没弄清楚，更不可能意识到自己在重复着同样的想法了。不是说每天用心思考、不停地思考，我就能理解自己的想法和内心的。过去这几十年里，我自认为很了解自己，可那只是了解"外部世界的我"而已，其实对于"内心世界的我"，我一无所知。如今，我想让自己的现状有所改变。我想充满智慧地解决外部世界的各种难关，同时也从内心世界的痛苦中脱身而出，享受完全自由的人生。于是，我开始尝试了解自己的内心世界，尝试了解真正的我和我的内心。

3 观察那颗
牵制我的内心

有一天，我和 S 讨论瑜伽学院的授课安排。S 是跟我共事超过 15 年的老朋友了。我们两人的性格南辕北辙，却意外地很合拍。虽然偶尔意见分歧比较大时，也会产生冲突，但绝大部分时间里我们都是互补互助、齐心协力打拼事业的。

那天我对 S 提议要调整课程表。虽然我也补充了几点调整的理由，但是 S 当下就表态，反对修改课程表，而要维持原来的安排。当然，S 也提出了几点维持现状的理由。我们交涉了很久，实在无法达成一致意见，便提出彼此留出时间仔细考虑一下。

谈话结束后，我静静坐在原位，开始观察我的内心。这是我进行心灵修炼之后养成的习惯。当遇到某种冲突或者内心开始纠结时，我会独自审视自己的内心。

S 和我都是根据自己的习惯作出第一反应。S 非常讨厌变化。任何事情，她都更喜欢维持原状，拒绝改变。维持原状，这给 S 提供了一种安全感和可控感。所以不论遇到什么情况，S 的第一反应都是"现在这样即可"。我却完全相反，我享受未知的变化和冒险，没有任何变化的事情会让我觉得无趣。所以我的第一反应总是"这次要有所不同"！当然，过去我从未发现这一点。

"我为什么会这样？"这次我抛给自己这样一个问题，然后开始了探索。我回顾了过去，终于发现，"追求变化"是我从小养成的一个习惯。

小的时候，家里进了小偷、父母离婚、生活遭遇困境……只要遇到这种艰难的状况，我们家总是会搬家。虽然当年这种搬来搬去的行为和我的意志无关，但是当我长大后，我也在无意识中不断改变着自己的环境。大学时我把专业从心理学改为会计学，交朋友也从这种类型跳到那种类型。没有和同一个人恋爱很久，最后我连丈夫都换了，先后两次离婚。工作时我也没能长期待在一家公司或者从事一种职业。我的生活时刻在变化。

我是内心的提线木偶

追求改变的想法，不只出现在我人生的重大事件里，就连日常的琐碎小事也未能逃脱。比如，我过去很少老实坐下来吃饭。吃几口饭，突然想起某件事，立马跳起来去做。刚做完这件又想起另外一件，于是又转身去忙碌，等都完成了我才回来吃饭。然后刚吃了几口我突然又站起来……这种"要改变"的想法，一直支配着我的人生。

到底这个想法带给我什么好处，让我几十年来对它坚信不疑？家庭、工作、人，这些事物一直都在改变，这可不是很轻易办到的事，但是我却持续改变着它们……其实我也发现自己疲于改变，脑海里总在想："这是最后一次，以后不要再变了，这次真的是最后一次！"但是好景不长，没多久我的内心就会空虚，它继续在我耳边低语，用各种理由催促我实现另一次改变。每次的理由都那么有说服力，我根本无法拒绝。

我们的内心是这样的，只要它相信能获得更多收益它就会继续，只要发现失去的东西更多它就会在瞬间放下。这种彻头彻尾的得失判断，正是内心的品性啊！那么内心坚信改变到底能给我带来什么好处，我才会允许它控制自己的人生呢……

我全神贯注地观察自己的内心，然后体悟到一个事实：我曾经相信变化能帮我避开困难，给我带来幸福。这是小时候就深深植入到心中的想法。当年父母离婚后，我的小学生活过得很艰难，我每天都闹着不想上学。这时母亲就像逃亡似的带着我移民国外了。出发去美国的那一天的心情，至今我还记忆犹新。我那天乐颠颠的，满脑子充满了希望。想到能从一切的苦难中逃离出来，我就像坐上了从地狱直达天堂的飞机。

当然，美国这个地方也和我的期待相差很远，但是通过这样的经历，我内心再次坚定了"改变就能远离困难，改变就能幸福"的想法。几十年来，我的内心一直这么认为。于是每当我遇到困难，我就将家庭、工作、老公、朋友、员工通通换新了。我以为这是所有问题的解决方案。

我从未认真观察过这个我内心最信任的想法。我只是毫无主见地跟随这个想法，总是在生活中作出改变。有时改变是正确的，有时不改变才是适合的，可我的内心从不加以区分。任何状况下，我都相信改变是唯一出路。

我名校毕业，精通两国语言，从事很专业的工作，大家时常夸奖我头脑聪明，可其实，在内心世界里，我就是个纯粹的傻子。我不曾好好观察内心，或者省察自己的想法，所以每件事我都处理得欠缺智慧。这和聪明的大脑无关。那种想法捆绑着我不断动摇时，我就被赶下人生主人的位置。那个想法代替我掌权，把我变成了一个提线木偶。

直到这时，我才看清自己几十年间携带着怎样的内心想法，才理解自己为什么总是反复作出改变的举措。为什么我的内心总是这山望着那山高，为什么我总是冲动地改变身边的一切。

我就这么静静坐着，继续观察内心的想法时，又迎来一个重大的觉悟。我在那一瞬间是那么的幸福。我的内心就停留在那个当下，没有擅自离开，而我因为真实地接触到了自己的内心，变得无比幸福。我的双脚放在原地一动不动，任何事物都没有发生变化，一切都还停留在当下这一瞬间，就在这一瞬间，我是那么的幸福。

"啊……原来没有必要为了幸福而去改变人或事物啊。原来不改变也行啊。任何事物都没有改变，我一样可以这么幸福啊！"

从顽固思想的囚牢中释放

这是我第一次在内心清醒的情况下，真切感受到了幸福。就在那个瞬间，我从很久前就束缚自己的"只有改变才能幸福"

的思想牢笼中获得了解放。那感觉是如此的自由和幸福，简直妙不可言。平时人们所说的"自由"，让我联想到这样的人生：不被规则约束，随心随意地生活，想我所想做我想做，想离开的时候拔腿就出发。但是，随心所欲、我行我素，这样就真的是自由人生了吗？就算我做了一切想做的事情，但如果内心并不自由，那种人生还算得上自由人生吗？所谓自由，不应该是从外部世界求之不得、只能在内心世界体验到的吗？

我将自己关在内心的监狱里数十年，今天好不容易刑满释放了，我的内心却突然变得那么沉静。此刻我的脑海比任何时候都要清明。在这种内心状态下，我再次思考了我和S商议的课程问题。我问自己："在现在这种状况下，怎样才是对瑜伽学院、员工、学生最好的决定？是维持固定的课程不变好，还是改变更正确？"

我摆脱了纠缠自己的顽固想法，重新审视当下的情形，答案很明了。不作改变，按照现有的样子维持下去，这就是最正确的选择。只要多点耐心，给尚且不温不火的几个课程多点时间，一切烦恼就迎刃而解了。这次朋友S的主张是正确的。也许在有些状况下改变是正确的选择，但是至少这次维持现有的课程，才是对所有人都好的最佳选择。

我决定维持原有课程后，才看明白过去我是如何折磨大家的。不只是瑜伽学院的课程，包括学院的运营模式等，很多我凭着一时冲动作出的改变，得给大家——从员工到学员带去多大的影响啊！我那轻易改变的习惯，是如何拖了瑜伽学院的后腿，此刻我也才真切地感受到。当我被那种固有思想拴住脚踝时，给我身边的人和瑜伽学院带来多大的负面影响，我过去从未想过。如今我从困住自己的想法中解脱出来，却仿佛长出了火眼金睛，一切都看得清清楚楚了。一直在寻求自由的内心，现在终于能在现实生活中作出最智慧的决策了。

骑着毛驴前行，自己把握人生

改变就一定错吗？维持原状就一定好吗？还是恰恰相反？在你急于下结论之前，先审视下自己的内心吧。我们的内心都是习惯于对所有的事物进行是非、好坏、强弱的判断。

这个世界上真的有所谓好与坏吗？什么总是好的，什么总是坏的呢？犬吠是好还是坏？家里进了小偷时狗就应该吼叫，若家中来了客人它还是狂吠不止的话，就变成噪音了。所以任何时候先不要断定是非好坏，而要审时度势，用一双慧眼分辨出那种想法和行动是否适合当下的局面。

我们的内心很神奇，它在看到某种想法让我们获利或者幸福时，就会将那种想法和思考方式变成定式，认定那是所有事情的正确答案。如果你没有及时发现内心的这个习惯，那么内心就不会再对其他任何事物感兴趣，它只会持续追逐之前的这个定式。哪怕现在我正因这个定式而痛苦，但内心根本认识不到还有作出其他选择的可能性。

这就是我无法察觉自己内心的所谓"尚未觉醒"的状态。在没有觉醒的状态下，我就会对内心的想法作出习惯性或冲动性的反应，就如同奴隶一样被牵着走。

让我们再回到前面提到的瑜伽学院的问题上吧。万一那时候我没有透彻地观察到自己的想法，肯定就会自作主张改变学院的课程。"现在也到了该改一下课程的时候了吧？基础入门课最近人气不太旺，干脆砍掉这门课程，换成其他的课？"我的内心就会做出最自然的反应，那就是试图改变。而我肯定无法认知到这一点，不懂得这种改变会给现在的状况带来更大的伤害。然后我会在心中嘀咕："S真是不理解我，她的思想太陈腐了。"我会一边腹诽S，一边强制性推进改变。这真是毫无贤明和智慧而言的行为。如果我走到那一步，我这人生主人的位置就会被抢走，变成被内心牵制的可悲人生了。

如果你不想背着毛驴前行，而是希望能骑着毛驴走的话，你必须学会察觉内心的习惯，你需要自我觉醒。你要懂得观察内心的想法和感情，培养一双看懂内心的眼睛。只有这样，才不会被惯性的想法牵着鼻子走，才有能力去选择。如果你想主导自己的人生，那么就成为内心的主人吧。

4 小心你的
病态思想

我们和熟识的朋友相处或者待在常去的场所时会感觉很舒服。因为熟悉，所以我们总是将约会定在老时间、老地点。我们的内心也如此，习惯通过熟悉感获得安稳。内心会像我们反复观看喜欢的电影一样不断浮现同一种想法，企图在那种想法中寻找到平静。因为那些想法经年反复，早已和内心变得熟识了。

问题就在这里。所有负面消极的想法也会和内心变得亲密，习惯性地在心头重演。对父母、领导的埋怨和愤怒，与同事对比后陷入极度的自卑中，过度谴责自己以至于陷入犹豫和孤单的深渊，畏手畏脚地害怕失败，受伤后将自己与外界完全隔离……这一系列消极的想法都害得我快乐不起来，可我却根本甩不掉它们。即便我很清楚那些想法在折磨我，却因为熟悉，一切都停止不下来。

以前做会计师时，我的工作压力特别大，整日里神经紧绷着，晚上不喝酒基本上无法入睡。最初我只喝一杯，慢慢地，一年后我每天必须喝两瓶红酒才能睡着。我很明白酗酒让我手脚沉重，肠胃翻腾，身体这么痛苦，可我就是停不下来。每天若不以酒精结尾，就感觉少些什么，翻来覆去睡不着。

不只酒精会引发中毒，想法也含有毒性。如果你不觉察自己的想法，就会习惯性地产生同样的想法，导致想法中毒。那种想法让我痛苦，可它在脑海中盘旋，就是无法消除。直到某一瞬间，它取代了理性，让我不再受控制地用感性来判断一切。

我和妹妹有一个多年的老友N。某天，妹妹对我说："姐，最近你见过N吗？我前几天看到她了，不知道为什么她的脾气特别大，根本没法和她对话。周围的人都在看她的脸色行事，生怕说出什么让她生气的话。大家都没法跟她轻松地聊天了。"

当时我和妹妹有着同样的想法。和N聊天真的很累。不论你说什么，她都像战斗机驾驶员一样主动进攻你。即使是不疼不痒的玩笑话也一样。慢慢地，大家看到她就如履薄冰，变得小心翼翼。明明十年前的N并不这样。这么多年来，N一直在演练"愤怒"的感情剧本，微不足道的事情也会引爆她的怒

感恩成为我们内心世界的通信网络，
正是这种联结让我们变成幸福之人。

火。渐渐地，感情流露的速度和强度都在增加，不论和谁在一起，芝麻大的小事都会让她在一秒内陷入愤怒状态。

"啊，我又这样了，老毛病又犯了"

其实不只 N 会这样。大家每次去 KTV 唱歌时总会点播同几首歌吧？同理，我们每个人的内心也都有一些习惯性浮现的想法和感情。那些特定的想法和感情就像我们自己的节目单一样在脑海里盘旋。对那些感情，我们也总用同样的方式去对待。事实上，当你总是重复某种特定想法时，就很难看到其他的选择余地了，你在任何状况下都只有这一种想法。就像到了 KTV，虽然歌曲库中有成千上万的歌曲，我们却总是只追寻那几首自己的必唱曲目。

某天我开车时发觉汽车有些异常。我踩下油门后，车速还是和刚才一样。实际上我在前不久就已经感觉到车出问题了，

我一直将向我自己和别人证明"我很完美，我很出色，我有能力，我是好人，我很善良"作为人生最重要的目标。可是最后，我却变成了与爱、幸福渐行渐远的人。我的每一天都充斥着埋怨、烦躁、愤怒、自责、忧郁和乏力。更可怕的是，我对这些消极的情绪竟然习以为常了，以至于我对自己的内心开始变得麻木，而且完全意识不到自己在这样活着。我和"我"越来越疏远了。

但是我一直拖着没去检查。但是这一天汽车的状态好像有些严重。我赶紧确认了一下里程，才发现上次换过机油后我又行驶了 2 万公里。通常，每行驶 5000 公里左右就要更换机油了，这真是很严重的问题。

"不行。今天无论如何都得去趟汽车修理厂了。"我打定主意，并且在紧凑的行程中挤出一些时间，开车来到汽车修理厂。我到的第一家汽修厂里没有适合我这辆车的零配件，去了第二家也是一样，那个零配件需要重新下单才能拿到。这时我习惯性的想法又冒出头来了。

"快点！得快点才行！"

任何事都要快点做，这也是我的习惯性想法中的一个。从很久前我就产生了这种想法，这让我和身边的人都被一种紧迫感纠缠着。其实，除了那些确实必须尽快处理的状况，很多事情并不需要那么紧张地完成，可我就是不由分说地要求大家加紧干活。

第二家维修厂的师傅说如果现在下单，要等几个小时才能拿到货。他问我能否等待。因为我马上还有一堂课，实在无法等待。我的内心再次强烈抗议："要快点才行！"内心越来越焦躁，就好像今天换不了机油，汽车就会在高速公路上突然罢工似的。

和师傅交谈时，我开始观察自己的内心。

"啊，我又开始着急了。老毛病又犯了。"

我问自己："到底有什么着急的？"

结果我发现是"汽车在高速路上停下的话，可能会造成严重的交通事故，所以现在必须赶紧修理"的想法在主导内心。我一边想象着还没有发生的事情，一边在内心提前担忧起来。

"汽车真的会变成那样吗？"

答案是——"我也不知道"。

有必要观察一下这种着急害怕的情绪到底有没有依据，于是，我问维修师傅："今天再开一天应该也不会有问题吧？能等到明天再修理吗？"

师傅说完全没问题。于是我明白自己没有害怕的理由，也没有着急的必要，便让师傅下单，约好第二天上午再来换机油。

开车回去的路上，我再次回想刚才的场景。如果是五年前、十年前的我，遇到这种情况时会怎么做呢？我肯定会不由分说地要求他立刻处理好这个问题。那个零件又不会从天上掉下来，再催促也无法做到，但是即便那样，我也会发脾气的。我会被急躁的内心掌控，更想不到询问师傅"车能否开到明天"。我会被自己的感情包围，与师傅进行一场情绪大战，然后机油当然也换不成，也不会再约第二天前来，只是唠叨着去找其他的维修厂。心情只会越来越糟糕，佢现实的问题根本得不到解决。

我想象着自己过去的处理方式，突然扑哧笑了出来。我仿佛看到了一个在路上闹别扭的小孩。现在这种相对成熟的处理方式，让我自己也感觉很骄傲。我对这样的自己露出一抹欣慰的微笑。

我一边开车，一边思索"快点！得快点才行"这种习惯想法的源头。这种习惯性的想法，是从我小时候经历的某件事中产生的。那大约是在七岁时，当时父母已经离婚了，我和母亲住在外婆家。有一天妈妈出门去见朋友了。我对母亲有一种极度的偏执，天一黑我就出门等她了。我搬了把椅子在大门前坐下，一坐就是好几个小时。两腿蜷在椅子上的情形，我至今还记得很清楚。我内心越来越着急，我眼前应该出现母亲的身影才对，可我却一直没有等到她。几个小时里，我一直在内心呼唤着："妈妈，快点回来！快点回来！"慢慢发动了自己的焦躁心理。我想就是从这时起，"快点，快点"的想法和焦躁情绪就在我的大脑里形成了回路。

　　待我长大成人后，只要事情不如我愿，我就像七岁的自己一样晃着两条腿，数千数万次地练习着"快点！得快点才行"的想法和感情，然后将它养成了习惯。而且我不只是催促自己，我对身边的人也同样苛刻。尤其是在我成为前辈、领导后，有了绝对的权力和地位，我对底下的人更是变本加厉。我的这种习惯愈演愈烈。当然我也因此出现了很多失误。比如，为了让我的出版物"快点！快点"印刷出来，我将一些有待确认的东西直接提交给了印刷厂，使那些错误的内容直接大量印了出来。

　　这种事情发生过很多次。我自己非常清楚这样不行，可那种习惯性的想法完全控制着我，让我如同着迷似的大喊"快点！快点"。现在，每当那种习惯性的想法浮现起来，我就坚持练习观察它。"得快点才行"的想法一出现，我就有意识地停下来，告诫自己："啊，我的老毛病又犯了。"

　　然后我会问自己："现在这件事必须快速做完吗？"生活中的确有些事情需尽快完成，但也有很多事情必须慢工出细活。所以我要问自己现在的这件事到底怎样做才正确，这样就不会被催促自己的想法所控制，不会冲动地作出错误反应。当我省察自己的想法时，就能准确地判断出怎样做最适合当下的局面了。

接下来我会举出几个事例，介绍一下人们很容易陷入的感情中毒模式。这些容易中毒的感情，譬如埋怨、执着、疑心、竞争、比较等，是每个人都会面临的问题。

逃避三部曲：回避、逃跑、躲藏

Y有个行为定式，只要遇到难题就习惯性地跟大家断绝联系，独自躲起来，就是所谓的"潜水"。他本人并没有意识到这一点，还自我辩解道："这是外部局面导致的，是那个人促使的。我本来就喜欢一个人待着。"

Y的行为定式大致是这样。最开始投入到某件事中，表现出非常浓厚的兴趣。这个阶段，就如同在天空漫步般潇洒自如，还总是预感会有某件很振奋人心的事情发生。但是，只要遭遇到一点小挫折，哪怕只是个小小的阻碍，先前那种兴高采烈的情绪就会瞬间消失，转而从外部局面或者其他人身上寻找理由，为"自己为什么不应该做这件事"作出"合理化的"解释。可他在心底却责怪自己，当初就不应该做这件事。然后他一边说着"我好累，现在得停下脚步，稍事休息，我需要个人时间"，一边与周围的人切断联系，回家闭关一段时间。短则几日，长则数周或几个月。

人生在世，不如意事十之八九。Y 却在需要挑战、不确定性强或者拒绝尝试的时候，首先选择回避，而不采取措施正面突破。他将自己隔离在人、工作、世界之外，窝在家中的大床上，自己绞尽脑汁想问题，或者干脆连思考都抗拒。有时他连这种方式也厌倦了，或者又雪上加霜遇到其他的现实问题，他干脆就一头扎进被窝里，用睡眠来麻痹自己。

如果一味地采取这种行为模式，在最关键的时刻选择回避，那么无论是工作还是人际关系，都会离你渐行渐远。你不但无法成长，反而会迅速后退。而 Y 根本不考虑正面处理问题，而是在隐身躲避时期待问题能像魔术般"咻"地消失。这也是他再怎么挣扎都只能在原地踏步的原因。慢慢地，他做什么事情都无法得到满足，现实和理想的距离越拉越大。

后来 Y 深入探索自己的内心，终于发现冰冻三尺非一日之寒，他的这种习惯是在小时候养成的，并且在数十年间不断发展壮大。在 Y 的童年里，父母吵架有如家常便饭。每当那时，Y 就会陷入不安中，他回到房里，用被子严严实实地盖住自己的头。这样他就听不清父母争吵的声音，获得短暂的解放。悲伤凄凉的感觉涌上心头时他也会痛哭一通，然后沉沉进入睡梦中。第二天家中的氛围又恢复正常了，好像什么事都没发生一样。慢慢地，Y 在心底松了一口气："啊，原来没发生大事？昨天只是短暂的失常而已？"此后，每当父母再发生争执时，Y 就同样钻进被窝里等待。因为只要藏起来等待，第二天事情就会平息⋯⋯

这种事情经历太多之后，Y 就被"躲起来回避"的习惯完全支配了。"只要躲起来等待，一切都会变好"的想法对 Y 来说就是最值得信赖、最正确的真理。然后这种习惯就深深刻入到 Y 的人生，潜身于他所有的行为中。

频繁地回避一些事情，让他的性格也逐渐变得优柔寡断，在需要作出决断的时候总是要询问他人的意见。儿时的一位亲密朋友成为他的依靠，事事都要询问这位朋友的看法。事情顺利时他就认为"我交对了朋友。听朋友的话得永生"。事情不如意时他就将责任推到朋友身上，埋怨外部环境。他有时候也会责怪自己太过依赖别人而把事情搞砸。就这样，每件事都不去承担起责任，而依存于别人，这使他的思考能力也在下降，决断能力也慢慢变弱了。

听从朋友的建议采取措施，结果却不理想时，尤其是这种事情若反复发生，他就会将所有的埋怨都指向那位朋友，然后与朋友绝交。他的交友模式一向如此，他定期更换着自己的挚友。和朋友A形影不离了几个月，接下来却像陌生人一样冷漠。然后又和朋友B如胶似漆，几个月后又再次不相往来。

终于有一天，Y再也不想在原地徘徊，再也不想过着同样的生活了。他开始慎重地回顾自己的过往岁月。他回避生活中出现的各种问题时，大部分时间都是在床上消耗的。到底他对那张床赋予了什么意义？当他探索自己的内心时才发现，窝在床上的时间是对自己的一种"补偿"。躺在床上时感受到的那份安乐、柔软和温暖的感觉，实在难以言表。

但是躺在床上的结局却不是以舒适告终。他躺的时间越长，现实中的问题和矛盾就越多。从那时起，他的内心开始衡量外部状况，编排出最糟糕的剧本，反复在内心咀嚼。担心、不安、恐惧等消极的情绪交织在一起，让他更加厌恶作出任何尝试，而陷入被动的等待中。

　　他有时也会暂时离开床，重新投入到工作中，再次与其他人打交道。但是他会带着在床上积累的那些恐惧和压抑的情绪行动，最后的状况只能是不断恶化。Y面对这种结果，就对自己说："瞧吧，我就说我很无能吧。"这成为他二度逃避的理由，再次将他推到床上去。Y的人生就以这样的方式不断重复。

　　Y现在能清楚地看到自己身上不断循环的生存模式。他躺在床上时的第一感觉是舒适和解脱，然后写出一本最糟糕的内心剧本，反复琢磨，慢慢变得恐惧不安，然后恐惧膨胀四溢，最后就只剩下一种无力和抑郁了。接下来他会反过来责怪自己一无所成。最后的一个阶段就是过度伤感，再次寻找能带来舒适和安乐感的床了。

　　Y在为自己的这种内心模式感到惊讶之余，终于明白自己错过了无数的机会，也发现自己竟是那么懦弱。他下定决心不再被自己的这种内心习惯所操纵。

　　当然，在此后遇到难关时他依然想向床寻求慰藉。但是他也表示，现在自己就像小孩学步一样，自己打着节拍，试着从逃避的习惯中一点点走出来，开始学习为自己的行为负责。同时他也发现，在这个攻变的过程中，他对自身的爱和信心都在增长。

"如果真爱我，绝对不会这样！"

当男朋友的联络变少或者在两人相处时男朋友表现得不专心，K 就会产生这种想法："看来我对你来说并不重要啊。不管多忙，我都把你放在首位，可你却将其他事看得更重要！你是不是不爱我？还是你变心了？果然天下乌鸦一般黑。当初口口声声说爱我，对我死缠烂打，如今我对你好了，你就这么对待我？真不能对男人太好。你是不是背着我做坏事？你有别的女人了？"

这种想法一发不可收拾。工作时也无法集中精力，整日胡乱琢磨，与这种想法作斗争，搞得自己心情也很忧郁。因此 K 果断地在心中作出结论。"如果真爱我，他绝对不会这样！肯定是有了其他女人，否则不可能这样。如果我再这么放任不管，任他抛弃我，我就真的变成傻子了。"然后她将过去和男朋友发过的信息和拍过的照片，甚至是手机号码，全部删除了。她将男朋友的痕迹全部消除掉，换句话说，她已经作好了分手的准备。

然后她使出关键的一招——向男朋友传达分手通知。结果K变成悲情剧的女主角，而且还穿插独白："相信男人，只会让自己受伤。我怎么总会遇到这种坏男人？"

开始心灵修炼后，K观察自己内心的想法，然后顺藤摸瓜，发现了自己从小养成的一些思想意识。在她小时候，父亲经常在外面过夜。幼小的K总是苦苦等待父亲，渴望与父亲共处。父亲今天回来吗？明天回来吗？再过几天才能见到父亲？就这样望穿秋水地等待着父亲，等父亲回到家后她就手舞足蹈非常开心。

但是那种喜悦却是短暂的，她时刻担心父亲再次离开家。当父亲再次准备外出时，她脑海中就浮现出这种想法："如果再这样下去，爸爸和妈妈离婚了怎么办？那我要跟谁生活？万一家里有了后妈怎么办？我会不会被送到孤儿院？"

父亲不在家的日子里，K就这样被各种想法折磨，也被思念父亲的情绪包围着。从那时起，K就有种强烈的信念："真正爱我的人，会珍惜和我待在一起的时光。"这种想法在她交了男朋友之后更加强烈。男朋友抽时间陪她的话，K就将此理解为爱情。男朋友因为其他事情无法来陪伴她，哪怕只是一次，她就认为他不爱自己。当男朋友经常不来陪自己的时候，她就会想象两人分手的情景，为此担忧烦恼，而为了从这种不安中脱身，她便开始一点点做起分手的准备。

另外还有一个原因。K 交往的第一任男朋友私底下与其他女人保持着不正当的关系。K 当初十分信任这个男人。他曾经那么疼惜自己，爱护自己，所以当她发现自己被他背叛时受到的打击非常大，而且自己周围的朋友都知道了这件事，K 突然间就成为别人眼中的"可怜女人"。被男人抛弃已经够难过了，如今还被别人用同情的眼光观摩，那简直太伤自尊心了。这时她便想："过去是爸爸，现在是这个男人，看来天下的男人真的都一样。相信男人，本身就是一种愚蠢的行为。信任男人，只会让我受伤。"

从那以后，K 用同样的想法对待自己交往过的每个男人。不管对方有什么原因，只要他不陪伴自己，K 就认为他不再爱自己了。这样的话，当然就没必要继续见面了。再交往下去，只会让自己受伤更深。所以她选择速战速决，早作打算。她认为和对方分手就是保护自己不受伤害的唯一方法。

如今 K 发现了自己在以这种特定的模式谈着终将失败的恋爱。不管结识什么样的男人，刚开始关系都打得火热，随着两人共处的时间不断减少，内心就认为对方不爱自己，然后内心开始矛盾："没错吧？这个男人是不再爱我了吧？"她的情绪起伏越来越大。

"过去他对我照顾得无微不至，难道他现在不再爱我了吗？不会的，他不可能不爱我的。那为何明明爱我，却将工作看得比我更重要呢？"

她的爱情怀疑症再次发作，怀疑他背地里做坏事，于是不断测试他的爱情，整日提心吊胆，害怕他会离她而去……这些根本没有得到证实的想法，一直在她的脑海里上蹿下跳。K将自己变成了一个愈发可怜、孤单和忧郁的女人。而且她总在被对方抛弃之前，先发出离别宣言，然后仓促分手了。

过段时间后，她认识了其他的男人，然后从头开始循环着这个恋爱模式。

K真心想要摆脱这种无休止的苦恋模式。她开始观察自己的想法，也渐渐领悟了自己每次遇见新的男人却重复着同样结局的原因。每次她脑海中都重复着相同的想法，重复着相同的行动，所以结局也每每相同。她总是和不同的男人上演着相同的剧情。可K却对此完全没有察觉，一直担心自己受到伤害，内心竖起一道防御的高墙，所以也变得越来越会掩饰自己了。

她在恋爱中总是不能坦诚相待，总是和对方保持着适当的距离。K虽然口口声声说着想要被爱，却亲手将自己与对方隔开，反而把自己和爱情越推越远。K这样说道："我现在才看清，就是我让自己变得如此悲哀，也让对方那么难过。我现在才明白，不只是我如此渴望得到爱情，对方也跟我一样渴望爱情。现在我不想再做爱情的懦弱者，我要成为真正懂得享受爱情的人。"

不久前K出国时发生了一件事。在她出国之前，男朋友来看她，但是他却不像K期待的那样，而是没有待太久便回去了。K一时怒从心头起，便冲动地发了一条短信说："我们还是分开一段时间，彼此都好好考虑下我们之间的关系吧。"然后拒接男朋友打来的电话，对他的短信也视而不见。

这一天她十分气愤，不过她还是在某个瞬间停了下来。她向自己抛出了一个问题："我到底为了什么这样生气？"就在那一刻，K清晰地看到了自己的习惯性想法。"不陪伴我就意味着他不爱我"的想法再次绊住她的双脚，将她拉入与过去相同的恋爱模式中。这一次，她自问自答，然后观察自己的各种反应，而得出的结果却让她失语。原来自己所做的这些愚蠢行为才是妨碍自己爱情的罪魁祸首。

K决心改变自己的想法，便给男朋友回复了短信。她说对

不起，自己是希望两人能在一起多相处一会儿才闹脾气，自己
还想继续和他经营这份爱情。这就是 K 为了将戴着面具的恋爱
拉回到真心相爱的轨道上而做出的努力。K 说，很神奇的是，
将短信发出去后，原本察言观色、后悔、担心他将如何回应的
那些想法，竟然都不复存在了。她说，如果是用一颗真心和纯
粹的爱去行动，那么其他一些可有可无的想法好像都会消失了。
如今，K 拾起了命运和幸福的钥匙，鼓起了爱人的勇气，也慢
慢找回了自己的快乐。

永远在衡量和计较的计算型内心

　　H 认为自己是个对婆婆非常孝顺的儿媳。不久前是婆婆的
生日宴，原本计划婆家的亲戚全部出席，可正好那天 H 新职场
中的行程安排得特别满，实在无法参加宴会了，所以她决定提
前一天孝顺婆婆一顿丰盛的美餐。在婆婆生日的前一天，她快

速完成了手中的工作，回家走到婆婆身边，递上一个装着零花钱的信封，并且将婆婆送到附近的亲戚家里畅聊了一番，然后又和老公一起到亲戚家去接婆婆。虽然面对这么多婆家长辈有些拘谨，但她还是想让婆婆和丈夫放心，便怀着善意陪大家一起坐着。可是接下来开车去吃晚餐的路上，婆婆的脸色并不好看。

H问道："妈，您想吃什么？"婆婆回答："随便，也没有什么特别想吃的。"H便说："这可是您的生日呢，一定要选些您爱吃的才行。"然后说出好几个饭店供她挑选。可婆婆却说："我没什么想吃的，还是去吃你想吃的吧。"

结果H和老公带着母亲到了附近的饭店。H一直在担心，便又问了一次："妈，如果您不喜欢这儿，咱们就去其他的地方。我也没什么特别想吃的东西。"

"你们应该先预约好再带我去啊。算了，就在这儿吃吧。"

看着婆婆冷淡的反应，H在心里这么想道："我说呢……原来是看我没有提前预约，所以向我示威呢。对你儿子一点都不露声色，就只对我这样说，这是什么意思？本来提议要带你到豪华饭店吃饭的就是我，是你儿子说边走边定的。"

H觉得很委屈。然后一家人在冷冰冰的气氛中吃了一顿食不知味的晚餐。

然后第二天就是婆婆的生日了，婆家的亲人都到齐了，唯独

H 因为公司行程而没能参加宴会。她工作的时候一直觉得不安。虽然在工作的空隙也有休息时间，但她就是不想给婆婆打电话。

"婆家的人都会说我坏话吧？现在又在编排我什么呢？那又怎样？我还能再怎样改正啊？我已经很尽心尽力了。"

结束工作之后，H 很晚回到家，发现老公的脸色十分难看。H 觉得既害怕又生气。但是自己没能参加婆婆的生日宴会也是事实，而且前一天也没能玩得很尽兴，所以即使不是发自内心，她还是低声向老公道歉了。但是老公的怒气却没有平息。看着一直生气的老公，H 更加愤恨："我怎么会和这样的人结婚呢……如果没有婆家，我的生活会过得多么舒服……结婚就是个错误。"

及时发觉自己这种心态的 H，开始努力回忆当时的情景，观察问题到底出在什么地方。她想起在婆婆生日的前一天，她带婆婆去亲戚家路上的那番谈话。H 兴奋地对婆婆说："妈，我终于在慕名已久的公司里获得了一份工作！"可是婆婆的反应却不冷不热。

当时 H 非常失望，她觉得婆婆不喜欢自己，然后内心得出这种结论："婆婆明明知道我是多么想进这家公司，怎么反应这样冷淡呢？看来我就是个儿媳。不管我再怎么努力，也不能变成女儿啊。"

那时 H 感觉到无限的凄凉，于是内心决定婆婆的生日就这么糊弄一下过去算了。怀着这种想法，婆婆生日当天她就只说了一些表面上的祝福而已。H 现在后退一步，观察之前发生的事情，竟然发现自己是这么爱计较的人。于是她问自己："我觉得什么时候是被爱，什么时候是不被爱呢？"

答案是这样的："我给了别人 100 分，别人还给我 100 分甚至更多时，我认为这是被爱。但是当我付出了 100 分，他却只回馈给我 80 分时，我就会受伤。也就是说，我希望自己付出多少，就应该得到多少。否则就会认为自己不被爱，内心就会受伤。"

H 开始研究自己的这种想法："稍等，我的这种想法是只针对婆婆吗？还是对其他人我也有着同样的想法？"

这时 H 脑海中浮现出其他的事。比如，她认为在职场里付出多少劳动就应该得到多少报酬，如果公司提出超负荷业务量的话，H 就会辞职。在朋友关系中也是一样。如果自己付出了很多，却感觉朋友不像自己这样时，H 就会疏远这个朋友，结交新的朋友。即便是与自己并不亲密的人，在自己作出一定的让步的同时，对方也要给予同样的让步，否则自己就会生气。这时，H 醒悟到自己在所有的关系中都是用同一种方式处理。那么这件事就不再是单单埋怨婆婆或者老公的事情了。

H 明白了自己一直在借着爱的名义，用"我是怎么对待你，你又是怎么对待我"的方式不断计较、衡量得失。当自己感到天平不平衡时，就会愤怒、失望、受伤，从这时起也开始吝啬自己的感情。这种令自己失望的事情反复发生几次后，H最后就会辞职或者隔绝某个人。

当她发现这种习惯性的想法是如何强制性地支配着自己，H就更能理解自己了。她明白了为何婆婆一句本无他意的话，却让自己如此受伤。她像在记录财务收支表似的，在心中一笔一笔记下发生的事情，当心想"现在不能再那样了"的时候，就着手结束一段关系。

但是这次的对象是自己的婆婆，只要不和老公离婚，就无法断绝这段关系。事实上矛盾真正严重的时候，离婚的事情也考虑过好几次，"我想逃离这种生活"的想法也总是浮现在心头。她多么希望自己能生活在没有婆婆的生活里。但是H现在却醒悟了。其实是自己打造的那个计较型思维害自己独自舔伤，自己却无休止地埋怨婆婆。

当明白了这一切后，H再次分析了一下婆婆。婆婆也像自己一样，只是一个渴望得到爱的女人而已。生日那天希望得到儿媳的祝福，可这唯一的儿媳却说不能参加家族聚会，当然会感到不是滋味。H这时才看到婆婆那份受伤的心："我只考虑我自己了。婆婆其实也像我一样，只是想要被爱而已……"

她也终于想起来婆婆为了儿子和儿媳忙里忙外，感激之心油然而生。她想，婆婆看到儿媳没有将自己当作真正的家人，她心里该是多么伤心啊。H现在完全理解了自己，也完全理解了婆婆。她清清楚楚地看到自己用计较型的思维方式，在心里划出了一条线，而且这次对婆婆也表现得如此冷漠。

"我对您付出了这么多，您也应该悉数还给我啊。您对我这样，那我也要这样回过去。我们的关系就维持在这个限度上好了。"

如今，H再也不想活在自己围起来的人生笼子里，错失更多的真爱了。

渴望我一人出尽风头

T生来就有很高的美术天赋。从小他的绘画都被亲友们竖指称赞。从幼儿园到初中，每一届班主任都十分欣赏T的天分。听到大家的认可后，T也会产生很强的存在感。

马上进入高三的时候，T为了准备迎接高考，开始到美术辅导班去正式学习美术。整个假期，他从早到晚都待在辅导班埋头画画。辅导班每天都做一次模拟考试，在规定好的时间内画出石膏像，然后对作品进行评分。评分有 A+、A-、B+、B-几个等级。可是 T 却总是得不到高分。通常高分作品会摆在中间，其余的作品放在下面或者旁边，T 的画作经常出现在边上的位置。每当这时 T 就变得焦躁不安。"再这样下去，我的作品会被放得越来越偏远吧？若是再也不能画画了该怎么办？我必须再加把劲拿到 A+ 才行啊……"

这个辅导班里不只是有画画实力超群的孩子，还有很多成绩一流的孩子。这对 T 来说是多么大的危机啊。当绘画分数不理想时，他感觉抬不起头来，内心不断自我否定。模拟考试分数低或者画得很糟糕的孩子都要站出去接受惩罚，被罚打屁股，每当这时 T 都十分羞愧，他在内心鞭笞自己："要更努力！一定更努力！"暗自将自己和周边的朋友作比较，他开始嫉妒那些成绩好而且画画也棒的孩子。

之后，比较和嫉妒的内心变成了 T 努力的动力。他对画画的兴趣已然不再。从那时起 T 就像站在了战场上和敌人战斗一样，每天绷着一根弦画画。争做第一的内心慢慢让他充满攻击性，他还总是担心自己后退，患得患失。这种性格直到后来他考上大学、进入职场后，也都一直在延续。

希望做好手中的工作，想做最棒的人，被众人认可，这些想法并没有错。问题不在这里。真正的问题是他想要争做最强者的想法源自比较的心理。比较让 T 很痛苦，时刻焦躁。那种不安的情绪背后总是有同一种想法："不能落后，要比其他人强。我要受到别人的关注。"只要其他人表现得稍微好些，或者看到别人努力的样子，他就习惯性地浮上这种想法。其实他也发现自己在焦躁，却管不住自己。他不断鞭笞自己："再加把劲！再努力些！加油！加油！加油！"

人际关系方面也不例外。当朋友在 T 面前谈起他没有听说过的书或者作家时，表面上他在笑，内心却开始烦躁。T 观察自己当时内心的想法，发现自己的一切行为都是被比较和嫉妒的心理逼迫的，致使他产生"我要更加努力"的习惯性想法。

"行啊！你们这是在瞧不起我。因为我听不懂，所以你们更肆意谈论我不懂的东西。你们等着看吧！我要变成更优秀的人，下次见面时变得比你们更博学多识。下次一定让你们明白，谁才是真正聪明的人！"

他开始在心底埋怨朋友，讨厌他们，觉得他们和自己不是同一种人。当他察觉到自己的这些内心想法后，他觉得很愧对朋友，这可都是从小就很照顾自己的朋友啊，自己竟然因为可笑的比较心理而将他们弃如敝屣。

T 察觉了内心这种通过比较让自己显得更优越的想法，明白自己因为这种想法而失去了很多朋友，也意识到自己因为竞争急红了眼，错过了很多人的关心和爱。

T 观察着自己的这些习惯性想法，也醒悟到自己是如何在伤害着自己。数十年来，他每天都活在不安和焦躁里，将自己困在煎熬的火坑中……看清这些以后，他终于愿意放开自己，让自己变回爱自己、珍惜自己的人。

最近 T 都在为自己的发现而惊讶。那些比较和竞争的想法竟然像呼吸一样跟随着他。过去自己被这些想法迷昏了头，根本无从察觉，现在觉察之后他开始对过去的自己多了份了解，多了份发自肺腑的关爱。如今，T 心中的喜悦和爱取代了焦躁，他开始慢慢享受人生了。

内心出现故障时，身体也跟着疼痛

A 的身体十分柔弱，周围的人总是为她多操一份心，因为她隔三差五就会生病。A 自己也认为"我身体很弱，一定要小心谨慎才行"。一年中总要在路上晕倒一两次，也因为各种身体不适而住院调养，甚至家人也说："幸好你是生在咱们这个药店家。"工作后，每年年薪的一半都用在医院治疗上了。因为身体虚弱的缘故，很多事情都无法放手去做，就此放弃的情况也很多，每当这时她就开始自怨自艾。A一边自责，还一边消极地想："谁叫我本来就体弱呢！"

有一次，A再次晕倒，导致脸部擦伤，大腿肌肉扭伤，无法正常行走。最初她觉得这是司空见惯的事情。但是因为当时刚参加过合一大学的课程，A便抽时间重新观察有关自己身体不适的所有情况。观察内心之后，A才发现自己也存在令人沮丧的模式。

A发现自己很熟悉"紧张"，反而对舒适和平和感到不习惯。只有处于紧张状态下，她才有一种安心的感觉。放松休息时反而让她感觉不安。原因很简单，就是她的惯性思想："我舒适地休息或者放松警惕的话，就会变成下一个被淘汰的无能之人。那样我就无法得到别人的认可，就会被大家抛弃。我好害怕那种结果。"

A只有在紧张感中才能感受到自己的存在，她总是逃避休息和放松状态，为了让自己时刻保持紧张，总是忙个不停。她逼迫自己，让身心都不得停歇。

　　所以我们看到的 A 总是在埋头做着某事。但是她体力和精神都不济时，便很难再继续做下去。就像站在一个慢慢加速的轮子上面奔跑，总有跟不上轮子速度的那个瞬间。从那时起 A 就开始寻找各种借口了，但是她不想做那个放弃的人，所以自己决然不会先停下来。

　　这种内心纠结慢慢加重以后，A 就会在路上晕倒被送进急诊室，或者患上严重的中耳炎、肌肉拉伤或者脸上长出带状疱疹。这种事情数不胜数，总之她开始频繁生病，就如同向世界宣告：“快关注一下我啊，理解一下我的努力啊！而且我自己无法停下来，你来找个借口让我停下来啊！”

　　在自己的行为模式中，每当 A 的身体严重不适时，家人和周围的人就会安慰她：“没事吧？又不舒服了？怎么办啊？看来是太辛苦了。要懂得休息，别干了。”这正是 A 心底最期待的话语。这时她就有借口让自己不得不停下来，有理由不用那么拼命了。

　　原来，长久以来不断上演的“大事”，都只是为了给自己寻找正当借口的过程。意识到这一点后，A 觉得很不可思议。

　　“我竟然为了维护完美的形象，甚至不惜伤害到自己的身体，通过病痛来美化我的借口。就为了一个自尊心，我竟然这么固执地伤害着我的身体。我没有爱护自己的身体，我对自己太残忍了。可是我却一直在责怪别人，埋怨自己。如果我现在还没认清这个事实，我还会继续虐待自己，为了给放弃寻找个合理的借口，我会再次伤害身体，然后伤害到自己的内心，让父母跟着操心，让所有我爱的人都跟着我饱受折磨。"

A已经觉察出了自己的惯性思想，她不想再虐待自己珍贵的身体了。她想，既然是自己的事情，就不要再从别人身上寻找放弃的原因了，她觉得那种行为太卑劣了。如今她再也不想回到过去的行为模式中，开始鼓足勇气，重拾爱，勇敢地站起来面对自己了。

5 无法驾驭的
愤怒力量

　　不久前我陪朋友 A 散步聊天。A 说他和上一个工作的领导关系处得不太好。领导是非常情绪化的人，心情浮动特别大，A 和其他同事都不知道该如何配合他。心情好的时候，他会掏心掏肺地对你好，心情不好的时候，他的周边就像有冷风过境。"我什么时候那样说过！"他的情绪时刻处在爆发边缘，整个部门的氛围变得十分紧张。职员们担心顾客听到他的暴怒声，都将办公室的门窗关得死死的。

　　人们如果不懂如何管理自己的情绪，就会变得矛盾重重，一会儿这样说，一会儿那样说，行为飘忽不定，内心也缺乏一贯性，就像小猴子在树木之间跳跃，想到什么就做什么。他们也预测不到自己的下一个行动，总是随心而动，言行经常不一致。也会因此陷入严重的生活混乱中。

　　不仅如此，这样的人在情绪激动的状态下随便说出的话，自己根本不记得。当时在场的听者清清楚楚地记得（肯定受到较大的冲击），可当事人却完全没有印象。因为当事人在大脑不清醒的状态下，都是凭借一时冲动说出无心的话，做出无意识的行动。他们跳脚否认自己当初的言行时，不免让人寒心。

一个行走的定时炸弹，我曾是愤怒中毒者

我非常理解 A 说的这种情况，因为我就是这种人。过去的我就是个严重的愤怒情绪中毒者，我总是在公众场合大发雷霆。小时候我和同龄孩子不同，忍耐性很强，常被人夸奖是个"小大人"。在大人眼里，这种能忍耐的孩子很乖。但是随着年龄的增长，我很难压抑自己的情绪了。20 岁以后开始暴露出愤怒情绪，如同出故障的高压锅一样，突然爆发。30 岁的时候我俨然变成了一个行走着的定时炸弹。

事情不如我所愿时，对方达不到我的期待或者否定我的意见时，某人对我视若无睹或者挑战我的自尊心时……我很容易暴怒。只要现实与我的期待不相符，我的内心就会被愤怒纠缠。年纪越大，怒火越严重。周围比我年轻、比我经验少的人越来

不管人生还剩下多久，
我都想珍惜我自己。
我希望那些能用内心体会到的全部美好，
都能在我的人生中实现。

越多，自己创业后又坐上老板的位置，所以觉得别人都很容易掌控。可越是这样，我越容易被一个小小的刺激引爆脾气。

当我被愤怒控制时，总会失去说话的分寸，企图先一吐为快。当然，我也会做出清醒时绝对不会做的行动。不只是对我自己，我也给周围的人带来或多或少的伤害，而且我内心的感情循环模式也是一样的。发一顿脾气之后，理性就会复活，然后开始后悔。"我真是疯了。我太愚蠢了。"我因自责而变得忧郁。我也特别讨厌这样的自己，于是暗下决心绝不再犯。

但是下次愤怒再度爆发时，当初的誓言全被抛到脑后了，而且这次的怒火更甚。愤怒之后陷入忧郁，忧郁又引发更大的愤怒，我犹如焦虑症患者一样，陷入一个可怕的恶性循环里。当时的我不知道如何从这种感情循环中逃脱出来。

这个世界上能有几个人喜欢愤怒？从我周边的人来看，不少人跟我一样只是不知道如何处理愤怒而已。大家都努力寻找排解怒火的途径，寻找消除愤怒的方法。有时候无条件忍耐，有时候大声唱歌，有时候和朋友聊天，或者躲起来独自喝酒看电影，两耳不闻窗外事，转移自己的注意力。有时候听从励志书籍中"无条件积极思考"的建议，告诉自己愤怒也是一种"积极思想"，或者通过冥想和深呼吸的方法抑制愤怒，努力让自己变得开朗。

在各种尝试之下，"愤怒"情绪也能暂时消停，能够完成一定程度的情绪转换。但是愤怒其实是无法用这些方式化解的，等下次遇到类似的情况时，内心埋藏的愤怒会以数倍的能量再次爆发出来。

如果你是真心想克服愤怒，那么就要耐心地仔细了解它。愤怒就是一种感情。在所有感情的背后，都有一种想法。因为人的大脑中有某种想法，才会导致愤怒情绪的产生，然后又用言语和行动表达出来。所以，面对愤怒时不应该忍耐、隐藏或者压抑，而要对制造了愤怒感情的所有想法和愤怒的外在表现都进行细致的观察，那样你就能真正理解到它对自己造成了怎样的影响。

我的朋友兼心灵修炼导师阿批萨（Arpitha）老师经常说起这句话："2500 年前佛祖曾说过，放不下心中的嗔恨心和愤怒，就如同赤手紧握火红的木炭去打击他人，最后被烫伤的还是自己。"

没错。只要能够细心观察愤怒，就能知道这种情绪非常损人害己。这里所谓的观察，不是让你简单地认识到自己容易发怒，实际上很多人都有这份自知，但是知道并不代表能够控制。

意识到自己爱发脾气，不等于严谨地观察愤怒。如果你细心观察了，就会严防自己的手再度被烫伤。只要你不再想让自己承受这种伤害，你就会主动用其他选择代替愤怒。

将愤怒当作武器的恶习

从前我有个怪癖，在新员工到任的那一天，我肯定会对一名老员工发脾气，而且一定是在新员工面前教训他。又一次纳新过后，我突然省察到自己的这个行为，我很吃惊，无法理解自己的所作所为。到底那样做我能得到什么？我想，肯定是因为能得到些什么，我的内心才会不由自主那样去做……

分析完自己的内心后，答案就浮出水面了——气场斗争。我在新员工面前展现自己愤怒的样子，给他们传达一些信息："我位高，你位低。在这里我是老大，你们都要听从我。"我的内心企图通过这种强压氛围，来强调大家的身份地位。

我的愤怒不只是在新员工到任时才发作。瑜伽学院里的某件事不合我意，我就将愤怒写在脸上，四处巡视。员工们都能在我背后感受到空气中残留的怒火。

"现在院长气得要爆炸了，大家都安静点，老老实实地工作。"

虽然我知道身边的人都害怕我，但我却佯装不知情。我喜欢这种状态，因为当我生气时他们都会很听话，刻意迎合我的喜好。虽然这很幼稚，但我有时候的确会故意发顿脾气。事实上，有时候我也没有那么生气，可我觉得只有大发雷霆，他们下次才能改正，所以我就故意放任自己的愤怒情绪。

于是慢慢地，我将愤怒当作了一种武器。我挥着愤怒这件武器，肆意操纵他人，营造自己希望的氛围，得到我想要的东西。愤怒让我产生巨大的力量，这种能媲美导弹的威力，让我骄傲地以为自己能够翻云覆雨。正因为愤怒给我带来这些东西，所以不论内心多么累，我都会持续发脾气。

可事实上我失去的东西远比得到的多。我越是用愤怒控制局面，员工们越是被动。虽然在我的暴怒下大家立刻打起精神，但时间一久，一切又回到了原貌。我只能再次动怒，那时候只有将发怒的等级升级，才能达到过去的效果。

发火逐渐成为我和他人沟通的方式。我如果不发火，组织就没有任何的发展和进步。不仅如此，员工们在我面前和背后的表现截然相反。因为害怕我发脾气，就在我面前表现得很优秀，可是背后大家却是怨声一片。我和员工之间只剩下佯装出的"和睦"，坦诚的交谈已经变得不再可能。

而且老员工也模仿我愤怒的样子，对同事或者下属乱发脾气。瑜伽学院本该是一片祥和的休养圣地，如今却完全被愤怒和恐惧笼罩。

那段时间，愤怒对于我而言，就是一种高效便捷的快餐式处事方法，这是我制造氛围和控制他人最有效、最快捷的方法。但是我用愤怒当武器的代价也很大。我后来突然体会到了这一点。因为愤怒，我的内心变得孤独。我与员工之间慢慢竖起一道高墙，大家彼此警惕，每日看眼色行事，心口不一，一切都看起来那么虚伪，而且这些对瑜伽学院产生了很坏的影响。当我的内心真真切切认识到这一点后，我决定努力改变自己，再也不将愤怒当成武器。我迫切希望改变我与自己、我与我的员工之间的关系，我要用爱和理解取代愤怒。

从那以后，愤怒咕嘟咕嘟沸腾时，我就会停下来观察愤怒背后的想法。这时我发现了愤怒背后煽风点火的那些话和问题。

"那个人怎么能那样？瞧不起我吗？怎么就不懂得考虑别人的感受呢？人品有问题？明知道我多么重视这件事，怎么能这样呢？怎么就我碰上这种事呢？我到底做错了什么？"

伤痛，不是让你去躲避的，而是要好好照料并去理解的。在伤痛面前，你不应该隐忍、压抑、掩盖或者逃跑，而要勇敢一些，直面它。可是很不凑巧，我们在学校里没学到这门课。所以不懂如何做。那么从现在开始我们都学习一下如何面对伤痛吧！不论年纪大小，从现在开始，学会正视伤痛，学会处理伤痛的方法，这样就不会再为此担心害怕了。即便再次受伤，我们也知道了如何去应对，所以没有必要过着躲避、逃亡、畏首畏尾的懦弱人生，自信而勇敢地生活，这才是真正的人生。

　　我内心不断重复这些问题，将自己变成了怨天尤人的可怜人。全都是以"我"为中心的想法。这些想法彼此咬住对方的尾巴，不停地转圈，助长了我的怒火。

　　人在气头上时，就喜欢抓住别人的弱点，严厉谴责别人，非要通过强压的方式来证明自己是正确的。可事实上我自己都在迷惑"我到底在说些什么"。虽然这样，愤怒不停地推着我，根本停不下来。在我看来，停止就意味着我要放下自尊。当我意识到自己的这种内心想法后，我多次问自己："是继续发泄愤怒，让别人害怕我，还是让别人信赖支持我？证明我对他错，这真的有那么重要吗？这真的比我们之间的关系更重要吗？"

　　当愤怒想冒头时，我就分析愤怒背后的思想，慢慢就发现，自己所不满的事情根本都不值得动怒，完全不至于为此去打击和压榨别人、破坏自己的心情。即便事态跟我期待的相差甚远，那也不至于大动干戈，将我自己和周围的人通通推向不幸的深渊。

　　毫无对策地单纯发泄愤怒，根本于事无补，只会更加破坏气氛，这种做法毫无价值和意义。换句话说，根本没必要用这种方式来破坏我和周围人的幸福与平和。当然，我并不是因此就再也不发火了。我只是学会控制怒火，并且更加尊重他人，我选择用爱代替愤怒。然后，我突然变成了幸福的人，我和员工之间的关系也得到了改善，瑜伽学院的氛围也改变了。如今，这里已经充满了真爱和温暖。

我们为何总对最亲近的人发脾气？

这个世界上和我最亲近、最疼爱我的人是母亲，可我发脾气次数最多的对象却是母亲。过去，不论母亲说什么，我都会烦躁。她干涉我的发型和穿衣风格时，我会烦。"最近很累吧？人啊，活着哪有不辛苦的！"她说着这种安慰的话时，我也会烦。母亲在和我通电话的途中突然跟别人讲话，我也烦。哪怕是母亲的一句"肚子饿吗？吃饭吗？"也让我心里掀起波澜。在这些令我烦躁的情况下，我有时候会冲着母亲大吼大叫，反应激烈；有时候紧紧咬着嘴唇，任凭怒火中烧；有时候心想"说了又有什么用"，直接在心底隔离了母亲，不听、不看，毫无反应。

我在这样痛苦的内心矛盾中煎熬着，突然有一天我想观察一下自己的内心。我冲母亲发完脾气后，心里也很难过，对母亲充满了愧疚感。我每每错过与母亲和平相处的机会，让氛围更加僵硬，这也让我烦恼。到底我存在什么心理，才会对母亲很平常的一句话都这么敏感？我好想了解我自己。

于是我仔细观察内心，发现我的反应并非无缘无故。我心底的某种想法让我愤怒。我的内心一直在写一段故事。母亲一句话就让我想起一年前、十年前的事情，那些相互牵连的回忆成了一部电影。听到她说"肚子饿吗？吃饭吗？"我内心就作出自然的反应："母亲什么时候开始这么关心我的饮食呢？什么时候开始这么照顾我了？"

然后有关母亲不重视我的记忆全都涌上心头。它们就像是确凿的证人，出庭证明我的感觉都是正确的。从小时候母亲没给我准备午饭，到没有送我去上各种才能班，让我被同龄孩子超越，到高中时我出车祸需要做手术，却联系不上母亲，只得在医院干等了她一天……许多回忆全部连接起来，变成了一部电影。电影名字就是"不爱我的母亲，只考虑自己的自私母亲"。

在这部电影里，我埋怨"母亲你怎能这样对我？母亲你并不爱我啊。母亲你其实并不关心我啊"。我在屏幕里的一角独自伤神，酝酿着愤怒。因为我的内心在数年间不断积累着这些想法，我也就将这些想法全部当真了。我从未探索过自己为母亲写的剧本的真实性，我内心一刻不停地念叨着的想法，我根本没怀疑过。所以数十年间我一直坚信这个故事，在这种坚信不疑的同时，我就对母亲摆出愁眉苦脸的臭表情，有时候也会有过分的言行。母亲对我表达爱意的那些片段我全部忽略掉，只用数十年间不断积累的故事来评判着母亲。

我沉浸在自己写的剧本中，完全看不到母亲对我的好。我感受不到她对我的爱和担忧，内心甚至对母亲作出恶意的评判，将她变成了坏人。我的心灵修炼导师萨摩达施尼老师曾经这样对我说过："生气的时候，你什么也看不到。你看不清事情的实相，也看不懂别人。那时候的你头脑不清醒。生气时的大脑与精神病患者没有两样，千万不要相信此时头脑中的任何想法。什么都不要相信。当你相信那种想法的瞬间，思想就战胜了你。"

然后我仔细去观察内心打造的故事情节，真相终于显露出来。我因为先入为主，将母亲看作是坏人，所以才不断埋怨她。而且数十年间我不断推脱责任，将我的不幸归咎于母亲。我将与母亲之间发生的往事看成了我不幸的根源。事实上让我生气的人并不是母亲，那颗埋怨母亲的心才是我发火的罪魁祸首：因为母亲我才这么辛苦，因为母亲我才受伤，因为母亲我才变得不幸……就是这些想法让我发怒，母亲根本不是让我发怒的原因。

当我发自内心承认了这个事实的时候，内心十分慌乱。因为，在这一刻之前，我从未想到过自己的内心竟这般怨恨母亲，我泪流满面。此刻我才明白，是我心中的怨恨让我以母亲为敌，又用无数的愤怒和烦躁来攻击母亲，用言语和行动带给母亲巨大的伤害。我对母亲感到非常愧疚，而且我也觉得很对不起自己。我对母亲无休止的谴责，让自己也变得不幸。我在内心编写着悲情的故事，整日抱怨、烦躁、发火……唉，我怎么能对自己这么恶毒呢！

那天我对萨摩达施尼老师说到："老师，过去我一直将所有的事情都怪罪到母亲身上，我不知道这种行为竟是那么可怕的毒药，也不知道就是它在加速恶化我和母亲的关系，我一直活在错误中。"

老师听完我的话，说道："既然现在明白了，那么将来是继续维持这种习惯，还是换种方式生活，这就由你来作选择了。"

那天我在心里发誓，从现在开始，不再纠缠于过去，不再埋怨母亲，我要对我自己的人生负责，我更想好好照顾背负岁月重担的母亲，送上更深的爱和更多的幸福。

当我这样下定决心后，我的生活发生了什么变化呢？当我和母亲相处时，或者通电话时，我内心再也不会产生埋怨母亲的想法了吗？不是的。那种想法还是会有。执着了几十年的想法，怎么可能一夜之间就消失不见呢？我和母亲待在一起的时候，那种想法还是会像自动回复般出现在我的脑海里。

　　但是现在，那种习惯性想法的源泉——我的内心，已经在我眼前原形毕露了，而且我也明白，那些想法只是一种习惯而已。我只是习惯性地埋怨母亲，然后紧接着产生烦躁的情绪……当我能够正视这些事实时，我就像萨摩达施尼老师所说的那样，有了自己作选择的余地。是被这些想法玩弄，还是选择爱？是继续埋怨母亲，将我不幸的原因推脱到母亲身上，还是放下怨恨，对自己的人生负责？

　　就这样一次、两次、若干次……我不断选择了爱之后，从前那些顽固的想法都像泄气的气球一样慢慢消失了。而且十分神奇的是，我的烦躁情绪也不见了。我和母亲在一起时，内心十分平静。直到这时，我才发现我有这么好的一位母亲。她为我高兴，对我微笑，因为我而自豪。她为我担忧，时刻关心牵挂着我。我为有这样的母亲而心生感恩。我突然想送给母亲更多的喜悦，想给她更多的爱。我终于懂得疼爱母亲、关心母亲了。

6

到底这是
谁之过？

一天，我要去机场迎接从国外来的 K 老师。偏巧上午有个会议，我就计划着等会议结束后从那里直接出发去机场。我脑海里下意识地计算着从瑜伽学院到机场的距离，心想："提前一个小时出发应该足够了。"我不慌不忙地开完会，然后坐上车，在导航仪上输入仁川机场，结果竟然显示出最终距离为109公里！这和我之前以为的距离差距太大，一时间我有些慌张。"开得再快，一小时也走不了109公里啊！"我意识到时间相当紧迫后，内心开始浮躁起来。

我想狂踩油门，可天知道路上怎么那么堵。慢慢移动的汽车，停在我前面的公交车，红灯……一切都像商量好了似的，大家一起捉弄我。我这一路上几乎都在烦躁："前面的车怎么跟乌龟爬似的？这公交车为什么非得停在这里？公交车上下车的人怎么那么多？不能下得快些吗？"我的内心一刻也不停歇，发出各种不满，我的烦躁系数也在不断升级。

我开始想起瑜伽学院的员工，在心中腹诽道："那么多员工，竟没一个人主动替我去接机。明明都知道我很忙，却连个客套话都不会说，太不懂得关心别人了。大家都太自私了！"我越想越失望。

接下来，我烦躁的内心光靠埋怨员工也无法平息了。这次我开始批评自己："哎，你就不能早点动身啊？你到底为什么那么不慌不忙啊？你应该想到这里到机场的距离与瑜伽学院不一样啊。你怎么连这个都考虑不到，这么不上心呢？K老师得多么劳累啊，如果出了机场找不到接自己的人，该多生气啊。你真是太缺乏责任心了！"

所有怒火的根源，都是因为我们不懂自己的心。"当时我为何那样"——我们总是活在这样的后悔中。可是你有没有想过，也许此刻，我们正在做着一些将来会后悔的事情？内心，它牵动着所有的事情——爱情，健康，命运，以及你的人际关系网。

当时，我一边抱怨着路况，一边愤怒；一边埋怨着员工，一边郁闷；一边责怪着自己，一边愧疚。最后这所有的情绪都交织在一起，我的内心瞬间变成了一片狼藉的战场。

抱怨令你心安，却让你不幸

我们就是这样，碰到鸡毛蒜皮的小事就怨天尤人，抱怨这个，埋怨那个。小事尚且如此，万一大事临头，我们该有多少的抱怨要发泄啊！抱怨父母，抱怨领导，抱怨朋友，抱怨同事，抱怨子女，抱怨公司，抱怨学校，抱怨国家，抱怨时代，抱怨过去，抱怨条件……我们要抱怨的东西实在太多。但是抱怨这些，我们就能解决问题吗？事情非但不会缓解，反而会更加恶化，可大家依旧停不下抱怨，每天都要抱怨好几次。持续抱怨着某件事时，我们的内心会变得错综复杂。消极情绪涌上来后，首先心情会糟糕，内心变得不幸。既然内心如此辛苦，那我们为什么就是停不下抱怨呢？

很简单，抱怨令我们心安。我的惨状是那个人或者那件事导致的，那我就不需要负责任了，所以感觉心安。将利箭射在其他地方，自己的内心就变轻松了。比起自己承担所有的责任，一句"都是因为他"更为简单。可是我们会因此不幸，因为抱怨本身会让内心承受折磨。抱怨别人，自己虽然不用负责，但代价却是变得不幸。我们没有发觉不幸的存在，只是活在无休止的抱怨中。

抱怨绝非一朝一夕养成，而是从小时候就养成的习惯。我的表妹在很小的时候曾在路上一蹦一跳，不小心摔倒了，膝盖被磨破一层皮，渗出了鲜血。表妹坐在地上号啕大哭。姨妈看到后紧张地跑过来，抱起表妹，然后一边拍着地面，一边喊"叫你坏，叫你坏"。泪流满面的表妹就停下来，看看地面，又看了看母亲，开心地笑了。姨妈看着不再哭闹的女儿，松了一口气，继续像玩游戏般用手拍打地面，然后说着"叫你坏"。然后表妹就跟着妈妈一起边笑边拍打地面。

很多人都有类似的经历。我们小时候都是这样很自然地学会了怪罪、抱怨。所以在我们自己也没留神的时候，就开始去埋怨别的事物了。这种行为逐渐变成了长久的习惯，在心底扎根，遇到情况就会冒出头。

抱怨他人或者外部事件的时候，我们的内心会变得舒坦一些。就像表妹将自己受伤归结于地面，边拍地边笑一样，只要有个发泄的对象，我们的内心就会陷入舒适的错觉中，所以会在心底嘀咕，和朋友聚在一起说别人坏话，有时候还尝试报复别人，以牙还牙，因为那样做会让我们的内心感到安稳。

但是那是巨大的错觉。

"因为你我才变成这样，因为他事情才发展到这个地步。如果当时你不那样做，现在就不会这样。如果当时的状况能再好些，我就不至于落到现在这个境地……"

你不断抱怨着，内心根本安稳不下来，反而更加伤感和不快。接着，烦躁、愤怒、伤感、委屈等各种消极情绪都会应声而起，让你的不幸值直线上升。你越抱怨，内心越煎熬，你会更加讨厌对方，也埋怨自己无能。结果就是这样，你不只抱怨了对方，还谴责了自己。抱怨的最后一步都是让自己的内心受罪。

那么应该怎么做？要停止抱怨吗？你别企图停止抱怨。即便你想停止，也停不下来。也许你在心中无数遍地提醒自己"不能抱怨，不能抱怨"，也许在几个小时内或者几天内你能自我控制，可总有一天抱怨会以更大的力量爆发出来。因为，你的内心在抱怨，这是个不争的事实。如果你否认事实，压抑真相，反而会让这些事实积蓄更大的力量，再次卷土重来。

内心就是这样，不管什么想法，如果你阻碍或者压抑它的发生，将来必定用更大的力度爆发出来。所以比起刻意尝试停止抱怨，我们更应该正视内心，认识到它给我和周围的人带来多大的痛苦。要让内心充分明白，这是多么不可取的想法，那么内心就会自己选择放弃。

如同前面讲的我的故事一样，要像第三者一样观察抱怨的情绪。抱怨前面慢行的车辆，变得烦躁；指责员工，变得郁闷；自我谴责，然后陷入煎熬中。看着这些内心反应，然后大方地承认："啊，原来我是在抱怨呢！"仔细倾听内心的声音，感受内心的情绪。注意，不需要辨别是非黑白。如果内心作出"你坏"的判断，那些声音和感情就会因为害怕而躲避，或者在瞬间躲入其他想法里面去。所以你应该像面对一个十分亲密的好朋友那样，不作任何判断，只是静静看着，像看着一个可爱的婴儿那样，认真地去倾听和观察你的内心。

另外，当内心完全陷入抱怨中时，就会自然做出冲动的举动，比如激进地开车，非要赶超前面的车，因为在静止的时候你会更加焦躁。你应该从旁观察表现出冲动反应的自己，那样你就能明白抱怨会让自己变成多么好斗的人了。

当你直视自己抱怨的内心时，就能明白自己因为它而变得紧张、啰嗦、不幸。当你认清这个事实之后，就有机会作出其他的选择了。是继续抱怨个不停，一边开车一边折磨自己，还是选择内心的平和，现在就由你决定了。

当你这样仔细观察自己抱怨的内心，你就能发现问题到底从何而来。为什么我不能坦诚一些，而是一直躲避不想对这件事负责呢？我内心的真正想法是什么？那天我虽然想着要去机场，可是心底并未要求自己必须准时到达。事出有因。那位外国老师上次来韩国时，曾经对我发过一次脾气，我的内心将那件事记在心底，对那位老师抱有成见。所以我才没有给予足够的重视，才会不慌不忙地安排行程，偷偷耍懒。

直到我上车后发现路程那么遥远，时间不够充足时，这才着急起来。如果我迟到了，那个老师对我的印象会更坏，一时间我想抓个救命稻草，为自己开脱，于是开始抱怨。当我对自己变得诚实，愿意为自己的行为负责时，虽然真相会让我羞愧，无法树立威信，但至少焦躁的内心能真正释怀了。

当我对自己坦诚，放下抱怨，我就能客观地分析了。前面行驶缓慢的车就是行驶缓慢而已，信号灯时间到了自然会变成红灯，那条车道本来就是公交车道，所以公交车就应该停在那里。这就是事实。现在我开车的时候就能心平气和地集中精力了。

那颗被埋怨遮掩的叫作"爱"的真心

几个月前，S 报名学习瑜伽，可发现这比想象中累很多，于是陷入迷茫中。S 在 21 岁结婚，生下两个孩子，数年间一直忙碌着家务事和相夫教子。S 的家务活做得非常出色，家里总是打扫得一尘不染。她做饭的手艺也比一般家庭主妇强，尤其是儿童美食，更是做得相当专业。她甚至教育孩子学习古代礼节。如今，她既想做好这些事情，又想同时学习瑜伽，可这样反而让自己压力更大。

雪上加霜的是，S 的儿子腿部骨折，必须要缠绷带。她对孩子大发雷霆。她不仅没有安慰受伤的儿子，甚至在心里埋怨他："我也想为了自己活一回，我现在累得要死，怎么你还这么让我头疼呢？"她认为儿子做了不该做的举动才会骨折，所以就只忙着教训他了。

那以后 S 在瑜伽之外，开始进入内心观察、觉悟的冥想课程。她慢慢练习着了解自己，观察内心，S 对自己也有了更多的了解。

过去 S 只在意"别人怎么看我"，想让别人称赞自己"虽然年纪小，但很会带孩子，很会过日子"。她从自己的角度出发去看待一切事情。不是因为家人喜欢干净的环境才打扫卫生，不是因为想为丈夫孩子做好吃的东西才准备一日三餐，而是为了让自己成为好妈妈、好妻子才做这些事情。不是为了让孩子成为知礼仪的好孩子才教他们礼节，而是为了让别人夸赞她是"关注子女教育的完美妈妈"。

在S心中，做个完美妈妈比什么都重要。慢慢地，只要遇到阻碍她的事情，不论是什么人什么事，她都生气。正如这次，她发火的对象是儿子，有时还是丈夫、婆家、邻居等。她的生命中好像只有自己，而没有对丈夫和孩子掏出真心。

前几天登记其他瑜伽课程时，儿子的右臂又骨折了，而且也要缠绷带。但是这次S的反应和上次大相径庭。上次S无情地责骂儿子，觉得儿子让自己变得更辛苦，所以对他的痛苦视而不见。这次她先考虑的是儿子的痛苦。当儿子和爸爸从医院回来时，S这么说："宝贝儿子，很痛吧？接骨肯定很辛苦吧！"

儿子本来心里很惶恐，突然听到妈妈这么说，便放声大哭："妈妈，特别疼。"

S的老公告诉她，儿子在医院时就担心妈妈会发火，都没敢喊痛。听到这里，S非常心疼孩子。上次儿子受伤时，肯定也希望得到妈妈的关爱和呵护，谁知却被无情地指责。想到这里，S就很愧疚。

后来S给儿子洗澡，儿子说："妈妈你站在一边看着我就行了。我一只手也能洗。我实在洗不了时，妈妈再帮我吧。"

S不同意，她说："不行，你一只手怎么洗！"

孩子立刻回答道："没关系。我自己试一次。妈妈也很累了。而且我现在长大了，很重的，妈妈会很累。"

听到年幼的儿子对自己说着体贴的话，S忍不住哭了出来。

幸福的钥匙在自己手里

我们一直认为"因为那个人，我内心很痛苦；因为那件事，我内心饱受折磨。他不那样做的话，我的心就会轻松；没有那件事的话，我就会幸福"。

我们相信是那个人和那件事让自己变得不幸。但是果真如此吗？

我朋友J曾跟我聊起一件事。小学时的某一天，J上课走神，和同桌偷偷在桌下玩耍，被老师严厉批评后，到教室门外罚站。J走出教室就哇哇哭了起来。他觉得羞愧，又埋怨同桌，又讨厌老师，于是泪流不止。

几天后班里另一个朋友因为同样的原因被罚站。可那个朋友却不像J那样，他走出教室后，竟然扭着屁股悄悄跳起舞来。

然后还把脸伸到教室窗户上做各种鬼脸，自己玩得不亦乐乎。J很好奇，下课后问那个朋友："在外面罚站有什么可高兴的？"那个朋友回答道："不用学习，多高兴啊。"

如果说事件是不幸的原因，那被老师斥责罚站的孩子都应该感到很伤心，可结果是有人欢喜有人愁。J第一次发现人在同样状况下有不同反应，也明白了没有事情会让自己不幸。

没错。事情若是不幸的源泉，那么贫穷的人、没有成就的人、没学历的人都要感到不幸了，相反，那些有钱人、漂亮的人、名校精英就都应该是幸福的。如果有某种特定的事件让我感到幸福或不幸，那么遇到同样的事情时，所有人都应有同样的反应才对。可事实不是这样，贫民窟里既有幸福的人，也有不幸的人。上流社会中也有人幸福，有人不幸。因此，外部条件或事情不是我们幸福与否的根源。

如果说某个人是不幸的根源，那么所有人都会受他影响，可事实不是这样。母亲对孩子多说了几句，有些孩子觉得母亲很啰唆，于是便对母亲发脾气；但有些子女就从中感受到母爱，因而感到幸福。所以他人也不是我们幸福与否的根源。

我们觉得控制自己幸与不幸的那个情况、那句话、那个人，都只是我们的错觉而已。用怎样的方式给这些东西赋予意义，这才是给我们带来幸福或不幸的原因。而那个人和事本身并不会让我们幸福或不幸。这是多么万幸的事啊！试想，若我们的幸福与不幸由外部的事情或人来决定，那么除非这些因素改变了，否则我们无法幸福起来。这就如同我幸福的钥匙握在别人手上，我必须等待他到来。那时再想感受幸福，就如同踮脚摘天上的星星。因为在对方改变之前，我无法变得幸福，可对方（人或事）却不是我想改变就能轻易改变的。

但是如果幸福取决于自己的注解和想法，那么只要能主动改变自己的想法，就会轻松获得幸福。我不需要再等待外部的某个对象改变了。我自己拿着幸福的钥匙，随时随地可以决定和选择自己的幸福。

每个人的外部条件都千差万别。不是所有人都能生在富有的家庭，不是所有人都能成为成功的商人，也不是所有人都能拥有修长的身材和出众的外貌。从外在来看，人们的差异非常大。但是，作为一个人，大家都一样渴望和享受同一种东西，那就是幸福。幸福是和外部状况无关的内心体验。它在内心世界产生，人人都能拥有。

那么我们将过去的执念这样改变一下："我不是因为那

个人才痛苦。我不是因为那件事而备受折磨。那个人和那件事不是让我不幸的根源。没有任何人和任何事能让我不幸。真正能让我不幸的，只有我内心那个尚未被觉察到的想法而已。"

幸福的钥匙，握在我手中。

7

我们总在
拼命维护形象

　　见过小宝宝刚学习用筷子吃面条的场景吗？他们将筷子夹成X形，费力地吃面。实在夹不起来时，干脆就用手抓着吃了。他们脸上涂满了汤汁，虽然失败无数次，却不觉得丢人，反而利用各种有创意的方法，集中精力吃面条。这是成年人绝对做不到的。人们年龄越大，距离儿童的那种纯粹和勇气就越远，害怕失败或者觉得丢脸而放弃的事情日渐增多。这就是没有任何东西需要守护的孩子，和需要守护的东西太多的成人之间的差异。

　　大人到底在拼命守护什么？我们在成长的过程中，在经历过许多事之后，给自己安上了一两种——不，是很多种形象。比如，因为在大人面前恭顺有礼而被称赞后，相信自己是"谦逊有礼的人"；因为乐于助人而被人们夸赞后，相信自己是"善良的人"。

　　通过这种模式，我们给自己打造了很多种形象。不只是好的形象，还有坏的形象。有"善良的我"，就有"恶劣的我"；有"勤奋、责任心强的我"，就有"懒惰、不负责任的我"。漂亮帅气的我和长相丑陋的我，聪明的我和愚钝的我，处事利索的我和优柔寡断的我……这种对自身或正面或负面的形象认

待我成年之后，也会偶尔想起那段时光。

我当自己是"情窦初开"，微微一笑，也就过去了。

但是，那是非常表面的想法。

当我接触了心灵课程、更加了解自己的内心后，

我才知道当时那并不是爱，只是执着的开始。

我只是将我空虚的、不知所措的、伤感的、孤独的内心，

全部转移到了那个男孩子的身上。

因为当时的我急需一个途径，

来安慰下自己无处安放的孤寂心灵。

识逐渐成形和积累，于是问题就出现了。不论是好的形象还是坏的形象，这些形象都开始勒紧我们的内心，不断折磨我们。

如果我的正面形象得到了自己和大众的认可，我就能昂首挺胸，洋洋自得，感觉自己是很重要的人。这些都没问题，受到称赞后心情舒畅，能有什么问题呢？有问题的是下一步。当下次再见到那个人，或者遇到类似事情的时候，我们就会想尽办法，再次打造正面形象。

最初，我们不是心怀这种想法而行动，一切都很自然。现在却是自己有意识地去做，哪怕是造假，也要达到那种效果。假设这一次登场的是与好形象完全相反的"恶劣的我"，例如，因为上次努力学习的样子得到了赞赏，这次我也应该努力学习，可是今天毫无学习的欲望，浑身犯懒，那么我就会想方设法掩饰懒惰的我，即"恶劣的我"，然后佯装出完全不同的正面形象。

好形象 VS 坏形象

就像这样，打造、守护好形象的过程让我们痛苦，疏远、掩饰坏形象的过程让我们辛苦。正面形象必须守护、负面形象必须隐藏的内心，其实就是对自我形象的一种推拉术，这正是让我们痛苦的根源。

我并不是说打造和守护形象是不好的行为，我也不是倡导大家完全放下自己的形象。只是，这种守护好形象和隐藏坏形象的推拉术对我们越重要，我们就只能在这种痛苦中越陷越深，无法自在地生活。如果我们对形象太过执着，担心自己的脸面受损，我们就会变得畏手畏脚，无法大刀阔斧地开创自己的人生，而且还会以此为借口来逃避现实，推迟自己真正该做的事。

此外，我们总是看别人的脸色，"别人怎么看我呢"？说话也不自然，行动也不自由，做任何事情的时候都不能纯粹地去享受。而且这么流连于自我的形象，就不能和别人发展出真挚持久的关系。不是用我的眼睛去看，用我的耳朵去听，用我的脚步陪伴对方，人与人之间就能维持良好的关系。只有将他放进我的内心，才有可能建立起真正的关系。可是如果一直关注"我应该让别人看到什么样的形象，别人如何看待我"，我的内心里只有我自己，那么爱将从何而来？我只执着于自己的形象，别人很难进入到我的眼中、心中，那么真正的关系从何而来？

再次强调一下，形象不是不重要。比如，一个成年人在公共场合吃面条，却像个孩子似的弄得一片狼藉，这当然不行。这种形象是需要维护的。只是，当那种形象比自己的幸福、自己喜欢的工作、自己珍爱的人还要重的时候，我们就会做出错误的抉择和行动，一步步走向孤独。最后，我们费尽心机想要维护的形象也终将一并消失。

我们需要有一双敏锐的眼睛，第一时间察觉到自己迷失在自我形象当中。只要能意识到这一点，我们就有机会选择：是继续迷失在形象维护中，让自己愈发不幸，还是放下形象，重视我的幸福、我们的幸福、那件事、那个人……在那种矛盾的时刻到来时，第一时间察觉出内心的状态，然后自己作出最正确的选择。

我总像逃亡般撒手离开

那是瑜伽学院创办快两年的时候。清晨，我坐在家中阳台上看日出，眼向天边望着，脑中却一片混乱。我在苦恼是关闭瑜伽学院，还是继续做下去。当时有几个问题挡在我的面前。虽然除了我之外还有几位瑜伽讲师，但是大部分的课程都是我在负责。当时我沉迷在心灵修炼中，急欲在印度待上一段时间，但是我离不开瑜伽学院。这样也不行，那样也不行，我内心很矛盾，于是陷入作出极端选择的冲动当中。我想甩手不干，关闭学校，可实在不知怎样做既能让别人不埋怨我，而且我还能解脱，一时间脑袋都快炸开了。

我像个失魂落魄的人一样，陷入苦闷中。可是一个激灵，我看到了过去那个一模一样的自己。过去我也曾这样，认真工作一段时间后就像逃跑似的放手离去。虽然每次做的事情不同，可事情进展的顺序和我思考的方式却总是一样。在学校转专业时，在公司跳槽时，跨行创业时，恋爱结婚时，我都是重复着同样的方式。最初全身心地投入其中，无论是工作还是人际关系，我都很热衷，很投入，所以发展进步的速度飞快，经常被周遭的人称赞。

但是发展到一定阶段后，我就遇到各种各样的问题，稍作努力却不能如愿解决时，我就心生芥蒂，不停地抱怨，同时开始寻找其他的机会。时间越久，难关越坚固，我发现实在翻不过去时，就弃之如敝屣，全身心瞄准新的机会，然后在新的环

当我开始进行心灵修炼，才明白我生活的世界不只一个，而是有两个：眼睛看得到的外部世界，和眼睛看不见的内心世界。而在此之前，我彻底地忽视了内心世界，只通过学校、父母、老师、社会学到了在外部世界的生存方法。我虽然学会了取巧生活的方法，却不懂得智慧生活的真谛。虽然找到了获得成功的途径，却不懂得觉察内心、消解内心隔阂的正道。每次在外部世界遭遇难关时，不管我年纪多大，还是一如既往地慌张，内心总是非常迷茫。

境中继续重复过去的循环模式。在这种方式下，我做任何事情都超不过三四年。

当我在这一瞬间醒悟的时候，简直如遭当头棒喝，一屁股坐在了地上。我实在无法面对这个事实。在我奔向新的人和事时，真心却没有跟上脚步。我的选择不是出自喜爱和热情，而是源自内心深处的恐惧和不安。还有，每当我一时冲动作出极端选择的时候，我不只折磨了自己，还给周围很多人带去麻烦，最终失去很多珍贵的东西。就在那天早晨，在那个当下，我仍像过去一样企图逃避，打算关掉自己曾洒下无数心血的瑜伽学院，然后投入到其他学习中去。

那一瞬间，我认识到自己的问题，我下定决心揭开过去，彻底剖析并消化掉自己循环往复的思维模式。我决定，在我寻找到内心的平静之前，先放下关闭瑜伽学院的决定。

几天后发生的一件事，给我提供了契机，让我真正理解了自己内心的真相，之前的内心纠葛也完全消失了。当时瑜伽学院承办了一个活动，我与这次活动相关的人士通了电话。那是在业内非常有权威的一位长者，电话中他对我大发雷霆，说着一些近乎人格攻击的话语，我只是一直低声说着"很抱歉"，然后结束了通话。

　　其实我的内心很不快，一股反感和怨恨占据了我的心头。他的高声指责一直在我的耳边回响，我浑身都僵硬了，很长一段时间都不能行动，只是在那里坐着。突然间，不知为何，我觉得对这种情况并不陌生。被人责怪，因愤怒和怨恨浑身僵硬，任何事都做不了，这种情形是这么熟悉。当我为这个想法感到怪异时，突然想起小学时的一件事。我的心瞬间回到过去，再次回顾了当时的情景。

　　那时我还在上小学。刚刚结束了一次考试，而我几乎做错了一半的题。班主任叫到学生的名字，然后根据错题的数目，用教鞭打学生的屁股。终于叫到了我，我走到讲台前，老师手中的教鞭落了下来。我已不记得挨了几下打，可因为我错的题本来就很多，所以肯定也有几十下了。虽然当时屁股被打得很疼，可是同班同学都知道我做错了多少道题，这更让我感觉伤心和羞愧。

　　班主任打完我，就开始在同学面前大骂起来。他说我是傻瓜，还大声宣扬我父母离婚，家庭教育扭曲，甚至还提到我爷爷和家里的情况。那时我受的打击太严重，站在那里一动都不能动。那时的感觉，跟刚才和活动主办方通话时的情形简直一模一样。

　　这已经是几十年前的事情了，我几乎将它忘得一干二净，如今却因为一通电话，让我久远记忆里的这件事再次浮上水面。那天晚上我开始冥想，重新审视自己的小学时光。小时候过于惊吓，没有实实在在认识到自己那分委屈和愤怒的情绪，现在我就完全放松自己，再次去感受。我需要一个拥抱过去那段伤痛的机会，一个认识伤口、然后放手的机会。

一抚触内心，真相就显现了

我随着思绪回到过去。仔细回想当时的感情状态以及当时心里在想些什么东西。当我认真地观察之后，有了两点很重要的醒悟。

第一，从那件事之后，我心底就认定自己是傻瓜，自己很无能，而这些都变成了我对自己的形象认定。所以我才养成了比其他人付出多倍努力、认真做事的习惯。那是我为了掩饰自己的无能而做的挣扎。时间久了，那种努力就越过界限，让我变成了完美主义者，做任何事情我都要追求完美，不断鞭笞自己。我尽我所能隐藏自己的无能，维护"完美的人"的形象。不论工作还是人际关系，如果当初我在内心足够自信的话，我是应该享受这一切过程的。但是每当我想努力做好某件事时，我就不自主地想要证明给别人看我并非无能。对于我，事情做得完美并不重要，我的无能不露馅才是大事。所以我内心总是不安，我用尽心思想要将一切做得完美，咬紧牙关不断向前奔，哪怕是有一点的瑕疵，我都无法原谅自己。

不断奔跑着，总有一天会遇到极限。事情总是这样。我施展出全部的能力，那么总有一天我的才能会被掏空。这时候我担心自己的不足被人揭穿，便先声夺人作出了近乎逃跑的选择。几十年来我一向如此。工作和人，都被我不断扔在身后。哪怕给别人带去伤害和痛苦，哪怕需要承受金钱和时间上的损失，哪怕是一手打碎自己曾经费尽心思获得的一切，为了不让自己的无能暴露在人前，我会不眨眼地放弃自己的一切，然后转身离开。

这时我终于发现了自己内心的真相。原来我对现实的想法全部深埋在心底，原来我并不是为了想要学习新的课程，才打算关闭自己的瑜伽学院。当然，想要学习新课程的意愿也是有的，但是我真正的内心却截然不同。我是担心别人发现我的瑜伽实力、我作为瑜伽导师的能力不足，而采取了想逃跑的举动。做了几年瑜伽学院后，那些教导学生的动作和技巧，我基本上都倾囊教授给了学生。所以我想现在我已经没有更多技能来授业了，我已经达到了上限，那么我就该关闭瑜伽学院了。我正是担心"有能力的我，有实力的我"这种形象会垮台，所以才打算逃亡他处。

第二点领悟更让我大受打击。我竟然越来越像那个极度令人憎恨的小学班主任了。事实上就是这样。我们的外貌不只是越来越像最爱的人，相反也会与自己最讨厌的人的模样靠近。也许大家还不能理解，可事实就是这样。

那个老师鞭打我，用言语侮辱我。在我的记忆里那件事就只在那天发生了一次而已。但是我的内心却对自己施与了千倍万倍的教训，甚至比那个老师更加严苛。然后当我身边有人表现得很无能时，我就用言语和表情来代替教鞭，像当初那个老师对我所做的一样，狠狠地侮辱和攻击我身边的人。

"你是傻子吗？连这个都做不好？你到底带没带脑子？"

自从我在小学时经历了那件事后，我在心底就一直这样反问自己。当我长大成人后，就开始对朋友、同事、下属、家人反复提出这个问题。几十年间，我就是这样数落着自己和周围的人，自己也变得畏缩不前。

　　那天晚上我认清了这个恐怖的事实，而且我再次变成小学生，将当时受到的责难和内心的屈辱感统统取了出来，再一次彻底地体会那种感觉。因为当年的我小到无法承受那些巨大打击，所以我不知所措之下便将一切埋藏在心底了。然后待到几十年后的今天，我才再次去重温那份痛苦。

　　当我完整地体会了心底压抑的那份痛苦之后，也就同时领悟到自己给身边的人带去何种伤痛了。我真是愧疚极了。于是我在心里想像他们的脸庞，一一道歉，乞求他们的原谅。就是在那天晚上，我内心深处埋藏的巨大伤痛终于得到了痊愈。

　　我所有的纠葛，都源自于自己内心深处埋藏的那份真相。如今我正视到真相后，发现纠葛全部消失不见了。而我发现自己意图关闭瑜伽学院的行为竟是源自"担心自己的无能被别人发现"的想法时，终于失声笑了出来。我终于明白了自己在这件事情上，表现得如同一个小孩一样。当时我作出了选择，对我来讲，继续运营瑜伽学院比自己被看穿更重要，于是我很轻松地作出了取舍，决定继续运营我的瑜伽学院。

　　还有另外一件很神奇的事情。当我被矛盾纠缠着的时候，我面前的选择余地好像只有两种，要么继续运营，要么干脆关门歇业。但是等心中的矛盾消失后，内心变得平静，我竟然看到了更有创造价值的细节问题："在运营瑜伽学院时，这些地方要作出这样的举措。"我开始产生很多创意，想到如何让大家共同进步的方法。我也体会到了真正自由的宽阔视野所蕴含的那份贤明和智慧。

丢掉好妈妈的形象，母子间的高墙就会倒塌

　　L喜欢看书，也从书中了解到称职母亲的做法，她听过很多相关主题的讲座，便在内心发誓，要做一个让儿子骄傲的称职妈妈。

　　但是L跟儿子相处时却总感觉无聊，内心烦躁。七岁大的儿子好奇心太重，他总有一个接一个的问题来问妈妈。L便避开生僻难懂的词，用最简单的话语来解答儿子的疑惑，如同一架没有灵魂的问答机器。时间久了，L觉得很疲倦，到了准备晚餐的时候她已经到达了忍耐的极限。"这孩子什么时候睡觉？他怎么还不睡呢？"她心底开始烦躁，有时候会为了很小的事

情就大发脾气。当把孩子哄睡之后，终于有慰劳自己的时间了，她便拿出啤酒咕嘟咕嘟喝下去。有时也会对着无辜的老公发脾气。在她看来，这都是安慰自己、让自己发泄的方式。于是，这种恶性循环就开始了。

对于这位 L 女士，通过觉醒练习深入自己的内心，是需要极大的勇气的。L 深入内心后得到一个领悟：养育儿子到现在，自己的全部注意力都在树立"好妈妈"这个形象上，儿子反倒排在了其次。她将自己围困在自己打造的笼子里，"我要做个可爱的妈妈"，她将这个看得比儿子更重要。

L 终于明白自己是个多么自私的妈妈了。没有慈爱，没有热情，只是被义务和责任感驱使着照顾儿子。这个事实让她对儿子产生了愧疚，同时她也回想起儿子渴望妈妈照顾的很多瞬间。妈妈的一个微笑，就能让儿子很幸福。

那天晚上，L 握住孩子的两只手，看着他的眼睛说："过去妈妈很对不起你。"她真诚地向儿子道歉。谁知，仅仅是一句饱含歉意的话，就让孩子发生了魔术般的变化。那天 L 做晚餐的时候，儿子在头顶套上一个水果包装袋，天真烂漫地跳起舞来，还在走廊里哼起歌，拿出自己的画板投入到绘画中。平时，儿子总是围在妈妈的身边询问各种问题，可是那天他像变了个人似的，完全不纠缠妈妈，自己玩得特别起劲，还很认真地去绘画。直到妈妈叫他去吃饭，他才发现自己头上的水果袋还没摘，然后看着镜子大笑："妈妈，我竟然还戴着这个呢。哈哈！"当感受到妈妈发自内心的爱后，儿子就变得安心，投身到自己的游戏中了。儿子心中的祥和与安心也原原本本地传达到了Ｌ的心里。

几天后发生了这样一件事。七岁孩子群里流行一种人气卡片，其他小朋友都有，可是儿子却不催着Ｌ买，而是从自己的朋友那里搜来一两张，爱不释手。Ｌ便对儿子说："如果你完成读书笔记，就给你买张卡片。"于是儿子每天一起床就开始读书做笔记。最后作业写完了，Ｌ就带他去文具店买卡片，却被告知断货了。儿子的期待落空，回到家后热泪盈眶。

要是过去遇到这种情况，Ｌ肯定会说："这种事有什么好哭的。没关系，没关系。别哭了。"她只会用言语安慰儿子。可这次不同，她深刻体会到儿子此刻伤心的感情。于是Ｌ抱住儿子，说："妈妈的乖儿子，你肯定很伤心。明天妈妈就去首尔市区翻遍所有的文具店，一定给你买到那张卡片。"

这时儿子放声哭了出来。这一次Ｌ真心理解到孩子的心情，所以在行动前，先用心去感受和安慰了儿子。据Ｌ自己说，这是她第一次如此近距离地看到儿子的内心，真心去安慰他。过去她安慰孩子的第一目的是让他停止哭泣，不想听到他哭闹，也担心他的哭声影响到邻居。

第二天 L 带着儿子坐公交车到首尔，四处寻找那种卡片。可这次她一点都不觉得烦躁和疲倦，反而像出门旅游一样轻松。但是他们逛了几个小时，也没找到孩子想要的卡片。儿子对妈妈说："妈妈，让爸爸上网查查，看能不能网购吧。"其实 L 也知道可以在网上买，可她觉得和儿子一起逛街的过程很珍贵，所以才直接找商店买。现在儿子先提出在网上购买，她突然觉得内心一角很柔软。孩子肯定想立刻就拿到卡片，可他却为四处寻找卡片的妈妈考虑，提出回家在网上买，这让 L 心里十分感动。儿子在她眼里越发可爱了。

L 试着回忆儿子小时候的样子，六岁、五岁、四岁……那时候的儿子肯定更可爱，非常惹人喜欢……可是她现在却记不清儿子当时的模样了。虽然家中有照片，可 L 却意识到自己没有充分陪伴儿子的事实。孩子小时候模糊的脸庞让她鼻头一酸，这将成为她一生的遗憾了。

现在儿子经常对她说："妈妈，最近你变了。"L 觉得很欣慰。最先感受到自己变化的人是儿子，这让她感到幸福；同时，她也明白了过去自己给了孩子太多伤害，很心疼他。自从开始觉醒练习之后，L内心的眼睛就睁开了。她看到了儿子，看到很多过去忽略的东西，这一切变化都让她着迷。

把你困在我的框架里，我也辛苦你也孤独

我见过很多关系亲密的朋友共同创业。他们在以往的朋友关系中，相处得无比融洽，可是一旦共同创业，大家的关系就开始紧张了。本以为与好朋友共事也会很愉快，可事实却完全相反。不只是朋友关系告急，就连辛苦打拼的事业也受到致命打击。我也见过无数对恩恩爱爱的情侣在结婚后成为仇人，变得井水不犯河水。

到底问题出在哪里？一创业人就变吗？一结婚心就变吗？

只是朋友时，大家的言行都很随意，因为我们不依赖对方去获取利益，也不用再三衡量说话的分寸和原则，朋友之间的

小打小闹都是无伤大雅的。但是他一旦成为我的合作伙伴，成为我的配偶，那么期待值就完全不同了。不是对方变了，而是我改变了。

我们经常运用自己全部的信念、观念、理念来打造一个所谓"事业制度""结婚制度"的框架。这个框架里写满了清单，清清楚楚记载着对方该做的事和我该做的事。只要大家都能遵守这个框架里的内容，完成当天要做的事情，那么将是美好的一天。如果对方的行动脱离框架，未按时完成清单里的任务，那么这将是猜疑、烦躁、愤怒的一天。如果是我自己没能完成清单任务，这将是被深深的罪恶感纠缠、不断自责的一天。

这还没有结束。因为对方也是有血有肉有感情的人，他也一样动用自己的信念、观念、理念打造出属于他自己的框架，也会像我一样每日确认清单，然后在幸福与不幸之间跳跃。两人的框架如果交叉点甚多，那么大家会幸福地感叹"我们真是心有灵犀"；如果双方的框架彼此对立，就会带来不必要的伤痛和误解。可问题是这种对立总是存在。

当冲突产生后，我抱着自己的伤口，认为对方不遵守我的框架就是不爱我，是对我的一种无视，是他改变了的证据。慢慢地，在这个关系里，我的框架变得比曾经挚爱的那个人更重要，监视他的行为变得比体会两人之间存在的感情更重要。而这就是不幸的开始、关系的终结。

放下对形象的偏执，让幸福来敲门

M 嫁给了一个和自己南辕北辙的男人。M 自小就很麻利，婚后清扫、打理、烹饪等所有事情也都干得干净利索。丈夫完全相反，而且还是搞破坏的个中高手。他并非故意那样做，只因为他的母亲总在背后为他收拾整理，像个任劳任怨的家奴，才使他不懂得自己收拾残局，用过的东西也不放回原位，他脑海中根本就没有整理的概念。如今结婚了，那个家奴的位置只能由 M 接替。一起生活了数月，"一人收拾，一人破坏"的场景频繁出现，M 终于觉得腻烦了。

虽然有时 M 也想，"干脆我也不收拾"，可她实在无法忍受家中脏乱的样子。她反而做得比婆婆更出色，想以此断绝丈夫觉得"还是和妈妈生活时更舒服"的可能性。M 想做一个家里家外都很优秀的、世间独一无二的完美妻子，所以再苦再累，她都按时准备好早晚餐，及时清洁打扫，外出前一定要将家里整理妥当她才能安心。

M将家里收拾得跟楼盘样板间似的，可丈夫却不仅不帮忙，还总是到处破坏帮倒忙。M看到丈夫的行为想"如果你爱我就不会这样"。有时候她会故意接近丈夫，专门在他眼皮底下擦桌子板凳，让他感受自己的怒意。夜里很晚不睡觉，还在打扫卫生。然后她伤心地想："我就为了跟在这个男人后面擦屁股才结的婚吗？"

M对身边的朋友诉苦时，朋友建议她跟丈夫分摊家务。可M的想法却不同，丈夫打扫卫生肯定做不到位，"反正都要重新做，还是我自己从头做到尾吧"。也有人说："那你也干脆别做了！"可是以M干净利索的性格，她根本不容许有那种放任不管的事情发生。

M对这种状况束手无策。她自己那么喜欢干净环境，当作是为自己打扫，应该也很高兴，可她并不这么觉得。这种复杂的情感无处发泄，有时候丈夫让她煮一碗方便面，她都会抗拒。她的身体和内心都在煎熬。

M学会观察内心、自我觉醒后，领悟到一个事实：这所有的问题都是自己为了维护心中树立的"完美妻子"形象而自找的。

　　M心目中的"完美妻子"是这样的：她总是让家里一尘不染，精心做好每顿饭，按时在家门口迎送丈夫上下班。此外还有很多的清单。

　　在仔细观察之后，M看明白一点，她不是因为讨厌家中脏乱而反复打扫卫生，而是因为自己设立的那个"完美妻子"形象而打扫。但是丈夫却总是从中捣乱，妨碍自己向目标的靠近，让自己劳累，所以她讨厌丈夫，而这份厌恶抢走了他们新婚时的甜蜜时光。

　　M做早饭也不是出于对丈夫的爱。她想让老公看到如今女人不做的事情自己都做，让他感觉"我是非常完美的女人"。她认为"那样他就会重视我"，于是她就早起做好营养早餐。如果老公一点都不吃这些饭，她就觉得自己的努力没有得到重视，自己树立的形象没被认同，于是就会愤怒。

　　事实上M的丈夫原本就没有吃早餐的习惯。有时丈夫因为不想吃早饭，就抱着老婆让她再多睡一会儿，阻止M去做饭，可M却拒绝了那份甜蜜的时光，丈夫也因此产生不满。最后M还是起身去做一顿丈夫根本不想吃的饭。两人各自有各自的烦恼。

　　表面看去，这是为了丈夫的健康考虑，可最终她还是为了维护自己的形象。当M领悟到这一点后，就不再那么刻意去准备早饭了。她会跟丈夫一起赖床，然后简单准备些水果给他吃。过去因为觉得丈夫无视她的诚意而伤心，如今反而感谢丈夫让她很轻松。她才发现，一碗简单的粥都能让丈夫满足。过去 M 忙于维护形象，错过了很多与丈夫甜蜜的时间，也没有去了解丈夫真正想要的是什么。如今，她反而不明白过去自己为何那么执着。

与婆婆的关系也一样。M 的婆婆有时到家里来帮忙做些家务、做点食物后就回去，可她从未感激过婆婆。她觉得婆婆是因为对自己不满意才做这些事。可现在她深入探索自己的内心，才发现真相并非如此。M 害怕自己的存在价值因婆婆的存在而降低，然后害怕转变成愤怒。即使婆婆做的东西很好吃，她也不懂感激，只觉得心底窝着一股怒火。尤其是看到丈夫那么兴高采烈地吃婆婆做的食物，她更感到一股背叛感。"我也能做好！这都是调味料的味道！"她刻薄地发着牢骚，打破了她和丈夫美好的用餐时间。

事实上 M 的婆婆是考虑到儿媳既要工作，又要照顾家庭，肯定十分劳累，才主动抽出时间来帮她分担些家务。可 M 却感受不到婆婆的那份爱，也不懂感激，只是在心底敌视婆婆，因为她威胁到自己"完美妻子"的形象。

不只如此。M 不只要求自己做个完美妻子，还成套打造了一个完美丈夫的形象，并努力让丈夫朝那个标准发展。

完美的丈夫要在下班回家后，美美地吃下妻子做好的晚餐，分享一天发生的奇闻轶事，一起度过温馨的二人世界。而且杜绝深夜外出，要懂得认可善良妻子的付出，并给予真心的赞美。

　　这是 M 心目中完美丈夫的标准。如果丈夫的举止在这个框架中，她就觉得幸福；如果丈夫的行为违背了这些原则，她就开始找茬。时间一久，M 发现丈夫经常脱离自己心中的框架，于是两人吵架就变成了家常便饭。丈夫也感觉待在家中不安宁，开始频繁和朋友在外面聚会。现在能让他放下戒备、舒适生活的人不再是妻子，而是他的朋友。家里反倒成了牢笼，憋得他透不过气来，只得去外面寻找新鲜空气。他曾跟 M 反映过这个问题，但 M 却认为他是吃饱了撑的，拥有这么完美的妻子还不知足。于是，M 与丈夫变得越来越疏远，两人争吵不断。她在心里更加笃定"他和我不合适"，她也很苦恼，"真的要结束吗"？但是懂得观察内心之后，M 却这么说："那时候的我，根本不想去体谅丈夫的内心，只是关注我自己的想法而已。"

　　过去之所以产生那些问题，都是因为她用自己制定的标准来评价丈夫。明白这一点后，M 才发现自己其实并不懂丈夫，她对丈夫感到惭愧。丈夫每天都要面对这个不懂自己、不理解自己内心的妻子。他也因为爱妻子而试图变成妻子渴望的模样，当他压力太大时，就出去找朋友发泄。现在，M 将丈夫的这份痛苦看得一清二楚，她开始心疼丈夫。

　　M 终于深刻体会到自己打造的完美妻子和完美丈夫的框架锁住了自己，也囚禁了丈夫。如今她已经学会理解丈夫，也不再掩饰自己，反而身心都变得祥和了。

　　过去她为了做事业和家庭兼顾的超级女强人，将一切辛苦藏在心底，生怕自己露出一点声色，被丈夫嫌弃。但是现在，有了困难的事情她会向丈夫倾诉，或者向他寻求帮助。只要 M 提起，丈夫就会和她一起商量对策，在意识到自己是 M 最坚强的后盾时，他也感到很欣慰。

　　M 对丈夫坦诚相待，展现出最真实的自己之后，丈夫也向她敞开胸怀，不再为了做完美丈夫而隐瞒自己。他们都有了变化，不再彼此隐瞒自己，反而成了最亲密的知己。即便遇到困难的事情，二人也不再觉得自己是孤军奋战，无依无靠了。过去两人在一起也觉得孤单，现在分开两地也能感受到对方的存在。

　　最近 M 的丈夫常说"我家最舒服"，两人共处的时光也很融洽。M 也变得幸福了，她说："现在家里终于变成了我憧憬的样子。"夫妻二人举案齐眉，互帮互助，共同营造出一个温馨的避风港——家。这一切的幸福，在她放下内心打造的形象后，终于来到她的身边。

8 在受伤的心中
点亮灯火

亲戚家的一个妹妹 K 曾在我的瑜伽学院工作过。我为了将 K 培养成人才，送她到美国去学习。最初 K 满怀热情，信心满满地出发去了美国，可学成回来后，却冷不丁地对我说："这条路好像不适合我。"然后就辞职了。最初我惊呆了，脑子里一片空白，不久后我就开始在心底埋怨 K："我在你身上投入了多少时间和金钱啊，我为你付出了多少心血啊，你怎么能这么不负责任地离开呢？怎么能这么不懂知恩图报呢？真是不懂做人的本分啊！"

任何人在受伤后都会变得计较，就像将自己的生死寄托在那个"正确"和"错误"上一样，非要将是是非非数落个清楚才行。我们认定自己是正确的，心想"你真的做错了。我没有错。错都在你"或者"我这个人非常讲义气，而你真的让人不可理喻"。我们总会得出一成不变的结论：我正确，你错误。

我当时对 K 也抱有这样的想法。但是即便我无数次告诉自己我是正确的，心情仍旧没有好转。然后我就抓住周围的人不停地说。我跟人们讲着自己的遭遇，也无数次从别人的口中确认自己没有错，可我的心里开始无法释怀。反而因为我对，因为我受损失了，我就越发生气。

很久之后，我慢慢忘记了那次伤痛。不是我的内心消化掉了这个伤口，而是生活太繁忙，无法总被这些伤心事分心，便随便掩盖起来，继续生活。接下来的一年，我跟 K 没有联系，当时发生的事情也开始在记忆里变得模糊了。

但是某天我在印度上心灵修炼课的时候，突然想到了 K。我心底掩藏着的对 K 的那份厌恶显露了出来。那已经是一年前的事情了，我以为自己都忘了，谁知我的内心却清清楚楚记着那件事。我一边冥想，一边透视自己的内心，我发现，我的内心不想原谅 K。K 分明对我做出了不道义的事情，如果我原谅了她，就好像我默认了那份错误似的，这种感觉让我很厌烦。而且，K 离开时我已经受过一次伤了，如果原谅她后我可能再次被她伤到，这种想法也让我烦闷。所以我的内心守着伤口，拒绝原谅，将 K 隔离在外。我想："反正只要不见面就一了百了……"不管 K 过得好不好，幸福与否，都与我无干。

事实上 K 对我来说，并不是见不着就一了百了的人。那是我很疼爱很珍惜的妹妹，而且过去 K 也很依赖我。我们明明有过很幸福的过去，可我内心的一个伤口却将那些幸福回忆都抹杀了。

　　看着这么狭隘的内心，我问自己：我和 K 的关系对我真的很重要吗？ K 对我很重要吗？答案呼之欲出。K 是我非常重视的人，但是在这一年内，我没有付出过爱，我只执着在"我正确""我要赢"上。我觉得我受到的伤害比我与 K 的关系更重要。

　　她是我那么珍爱的小妹妹，可我的内心却排斥她，以"她过得好坏和我无关"的形式来思考。我的这种想法 K 肯定无从得知。事实上，这种讨厌 K 的想法反而给我带来更大的影响，压抑着一份久远的爱，对对方的幸福佯装毫不在乎，反而让我更加辛苦。

　　人们的内心都是相互联结的，我和 K 的心也应该是联结的。那么在心中疏远我疼爱的妹妹时，我怎么能幸福得起来呢？

　　那天我问自己：如果我可以选择一直抱着伤口生活，选择将 K 踢出我的内心，那么我也可以选择祝福 K，不是吗？因为我感受到了，只有当我选择祝 K 幸福的时候，我才能真正变得幸福。原谅，不是去做"便宜对方的事"。在原谅里，没有谁输谁赢，只有幸福和不幸。当我放下伤口，原谅对方后，我的内心才变得轻松，我也才得以幸福。

　　如此，我在印度完成课程回到韩国后，便决意要见见 K。神奇的是，我归国不久就收到来自 K 的一封长信，字字句句都饱含着对我的歉意和感激，而且信里还夹着我当初送她出国时花费的费用（等额支票）。这是我意料之外的事情，我从未想像过这种情形。我读完信就给 K 打了电话，我们开诚布公说了很多。我们敞开心扉，一起哭，一起笑，然后很自然地就和解了。过去不愉快的事情，不仅没有扯断我们的关系，反而让它变得更加牢固。

当我内心真正原谅了她之后，就突然收到 K 的信件，这件事真的纯属偶然吗？我曾经有过很多次这种经历：当我的内心发生变化后，事情就开始变化；当我放下紧抓不放的心结后，就收到了更大的礼物。这到底是单纯的偶然，还是内心的变化真的能引发现实的变化，这个并不重要。重要的是，即使 K 没有给我寄来那封信，我依旧会去联系 K，然后与她和好如初。也就是说，我自己选择恢复一段关系，而且肯定会付诸实践。

看得越透彻，越能轻松度过

我们都是人，都渴望分享爱，渴望从人际关系中感受到爱情、照顾、疼爱的心。但是我们在生活中不止一次地，不，是多次地被别人伤害之后，就会害怕受伤，害怕疼痛，因此与人隔离。"不害人，不被害"的人生理念开始成形。这意味着，"受伤"让人恐惧、疼痛、辛苦，所以要与人保持适当的距离，既不给他人带去伤害，也要保护自己不受伤害。

于是我们又想：还是不要与人分享很深的爱情了，宁愿在礼数的原则内保持着适当的距离，礼貌地微笑吧。如果觉得关系走得近了些，就心生负担，找借口躲避了。比起面对面，更喜欢用短信形式沟通；比起和很多人一起活动，更喜欢和不会说话的电脑相伴。

像这样，以害怕受伤为借口，慢慢垒起心中的高墙后，不只是感觉不到伤痛了，连带爱情、喜悦、感恩、幸福都无法感受到了。你会变成毫无感情的木头人。如果感受不到情感，那人和机器有什么区别？只有有了情感，才能真正体会到人生的乐趣啊。

伤痛，不是让你去躲避的，而是要好好照料并去理解的。在伤痛面前，你不应该隐忍、压抑、掩盖或者逃跑，而要勇敢一些，直面它。可是很不凑巧，我们在学校里没学到这门课，所以不懂如何做。那么从现在开始，我们都学习一下如何面对伤痛吧！不论年纪大小，从现在开始，学会正视伤痛，学会处理伤痛的方法，这样就不会再为此担心害怕了。即便再次受伤，我们也知道了如何去应对，所以没有必要过着躲避、逃亡、畏首畏尾的懦弱人生。自信而勇敢地生活，这才是真正的人生。

　　我们每天都可能受到伤害。一些小事也让我们受伤。朋友的表情不友善，我们受伤；爱人没有及时回复短信，我们受伤；人们对我们以外的其他人更好奇，我们受伤。有数万种理由让我们受伤。但是综合所有理由，找到一个共同点后，事情就变得简单了——我们都会在自己的存在感减弱时、认为自己不被重视时受伤，这和自尊心也是相通的。

　　内心受到或大或小的伤害后，不知该如何应对，所以就会向周围的人倾诉。不管是有所保留地说，还是直来直去地说，我们总会说一些对方的坏话。如果周围的人点头称是，那么心情暂时缓解。可是几天后自己独处时，会再次强烈感受到那份受伤的情绪，内心受到煎熬。

　　所以人们运用很多手段来忘记那个受伤的事情。拿着遥控器不断更换频道，和朋友打电话漫天胡侃，手脚并用地玩电脑游戏，或者翻箱倒柜地寻找吃食，酗酒后呼呼大睡。

　　这样我们的确能暂时遗忘，可它一定会再次在心里登场。我们回想着对方说过的话、表情、行为，再次心生委屈，无限愤怒。于是我们在内心上演和对方对话的场景，对方也会对我们的话加以回应，我们再接着对方的话继续争辩。就这样，我们按照内心写好的剧本在想象中和对方吵架，深陷在争吵中的我们变得更加不幸。

不仅如此，在内心这样吵过几个回合后，不只是这一次对方给我们带来的伤痛，连带过去发生的事情也都浮现在脑海。一周前、三个月前、一年前、五年前发生的事情全部再现。我们的内心就像侦探一样，对对方进行 360 度无死角的分析，然后编写出一个完整的故事。"你太坏了。原来你是这么想的啊。你真是人前一套背后一套啊。你真自私。"这就是我们最终得出的判断和结论。我们内心写好的那个脚本成为这个结论的有力依据，被完好地保存在记忆里。

如今我们在心里将对方变成了怪物，而且还有我们自己独有的故事来验证。我们编织的这个故事那么像模像样，任何人都会被说服，我们自己也毫无疑问坚信这个故事是真实的。可是，哪怕只是一次，停下脚步去观察这个故事的话，就会发现那些漏洞百出的情节；哪怕只是很短暂地关注一下内心盘旋的想法的话，就会明白那是用猜测和假设连接起来的……可我们的内心就是停不下来。

我们总是深信内心的想法，那份信任更给我们自己编织的故事灌注了生命力。那个故事像寄生虫一样，靠吸食我们的信任维生。大部分人都会对那个故事坚信不疑，并且作出一些冲动的反应。那些反应大多会带来更深的伤痛。我们自己都没有意识到，拿着自己的伤痛当武器，让我们的内心承受了更大的伤害，而且那个伤害还会引发更多的伤害。

我们相信自己的伤口最特别

　　"活着怎么这么累？为什么就我遇到这种事？"我们总认为自己的伤痛是世上最大的伤痛，自己遇到的困难是世上最残酷的，自己经历的苦痛是最特别的，如果有"苦痛竞赛大会"的话，自己的苦痛一定能夺得头魁。人们都陷在这样的错觉中，然后让自己越发不合群，越发孤单，将自己推向更深的痛苦深渊。周围的人如果想走过来安慰，我们会这样想："你知道什么？你怎么会懂我的心呢？你像我这样痛苦过吗？你根本无法理解我有多么痛苦。你不懂我的心。"我们一边这样想着，一边将自己与外界隔绝。

　　但是事实上任何人的伤痛都不是那么特别。每个人伤痛的理由和情形可能不同，伤痛的程度也可能不同，但是内心所感受到的那份痛苦的经验，却并无不同。虽然人们的表达方式有所不同，但是作为当事人，我愤怒时所感受到的感觉，和伤害我之后转身离开的那个人心中的愤怒，是没有差别的。不只是愤怒这种情绪，不安、伤感、害怕、孤独等，所有的感情都是相同的体验。一句话，伤痛的理由虽各不相同，但是伤痛带来的痛苦却是一样的。我们彼此之间没有那么多不同。

要消融掉内心的伤痛，并不是非要见到那个伤痛制造者当面和解。要不要和那个带来伤痛的人再次成为朋友？要对他说什么话？或者干脆什么都不跟他说？要不要握住他伸过来的手？或者敞开天窗直接要求他绝不再犯……这一切的一切都是关于"做（doing）"的事。请不要产生误解，这不是内心世界的事，而是在外部世界里应该采取的行动。自己最终选择怎样的行动，都需要在从伤痛中痊愈、内心变得冷静之后进行深思熟虑，然后作出决定。

内心的伤痛带给自己的影响是最大的，所以必须消除。它折磨着我们，让我们不幸，所以必须处理好。伤痛在心底存留得久了，也许受伤的具体事件可以靠时间来遮盖，慢慢淡忘，但是那个充满怀疑和恐惧的内心却会慢慢长大，让你扭曲地看待这个世界。

我们每个人都有一份孩童般的单纯，这种单纯可以让我们分享爱，感受喜悦，感恩世界。但是伤痛会夺走这份单纯，让你无法体会人生的美好。如果你想让自己的人生变得幸福，那么不为了任何人，只为了自己，把那份伤痛处理掉吧。

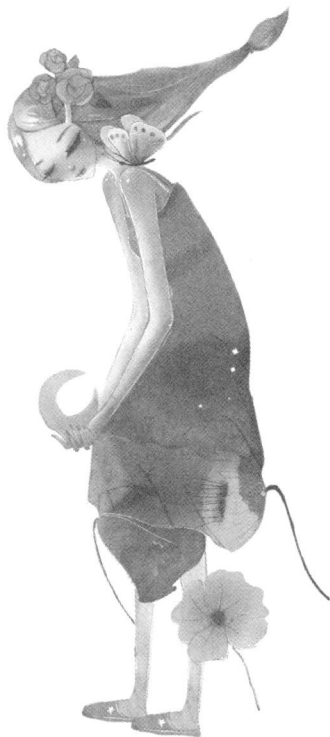

9

要么完全相同，
要么截然相反

　　在我们的一生当中，会与很多人建立人际关系，其中对我们影响最大的就是与父母或者扮演父母角色的人之间的关系。

　　父母是我们出生后结下的第一份缘分，所以在我们心底留下了很深的印象。我们看着父母对待自己和对待他人的样子，很自然地学会了爱、喜悦，也体会到愤怒、伤感、孤独、自责等感情。我们接触到父母常用的表情、语气和某种习惯，每日耳濡目染，不自觉地就去模仿。"人生就是这样。为人处世应该这样做。那是错的，这是对的"，孩子听着父母经常挂在嘴边的话，观察着他们的行动，然后某一天，父母的想法就变成了我们的想法。

　　不过，虽然看到了父母很多言行，但子女并不会照单全收。在父母的行为中，有些是我们满意的，有些是我们抵触的。那些我们喜欢的，就原封不动地搬过来。相反，遇到不喜欢的样子，我们就暗下决心"我绝对不能那样，我不要那么活"，然后努力让自己和父母不同。

　　光阴荏苒，日月如梭，眨眼间我们就长大成人。对镜一看，才发现自己已经慢慢变成了父母的样子。而且不只是我们喜欢

觉醒类似于定位。
在觉醒的世界里，
没有好与坏之分。
要撇开是非黑白，
观察内心的最原始面貌。

的那一面，就连我们不满意的那一面，也从父母身上悉数传承下来。曾经那么反感的妈妈的语气和爸爸的表情，我们全部做得惟妙惟肖。有时候看着这样的自己，都觉得很不可思议，我们竟然在不知不觉间变成了自己最讨厌的样子。

不过也有相反的情况。我们讨厌爸爸的大嗓门，自己就变得轻声细语；讨厌妈妈的情绪化，自己就变成理智的人。

不管是完全相同，还是截然相反，在这二者中存在一个共同点，那就是我们对自己讨厌的父母的某种行为作出了"反应"。讨厌某个东西，意味着内心受到过伤害，所以要排斥和抵抗。在源自抗拒心理的反应中，没有自由可言。当你作出某种反应时，你在这种反应之外看不到其他的选择。在源自抗拒心理的反应中，没有智慧可言。因为你的视野变得狭窄，无法看到更宽广的层面，当然就无法作出明智的行动。

和妈妈完全相反的乞丐时尚

在印度学习的日子里，有一次，一位老师半开玩笑半认真地对我说："轸熙，看到你我的眼睛就疼。你那衣服不能想想办法吗？你穿的衣服还不如印度穷乡僻壤里的人……"

你可以想见，我的衣服真是太寒碜了。仔细一想，我从小就是这样。我甚至格外喜欢自己的这种"乞丐时尚"。我最喜欢破洞或者洗白的衣服，专挑那些看上去像别人扔掉不要的衣服来穿。

再想得深入一些，我就明白了自己为什么只穿这类衣服。我的母亲真的非常时髦，衣服、皮鞋、提包、首饰，一切都是名牌，从头到脚都有一种刻意修饰的时尚气息。可时髦的母亲却伤害了我。小时候，母亲给我买东西时总是舍不得花钱，可给自己买东西时却大手大脚。我发觉母亲对自己比对我更好，我的内心就受伤了。于是我不自觉地作出了内心反应，就是和母亲正好相反的"乞丐时尚"。不仅如此，在这几十年里，我看到像母亲那样用名牌包装自己的人，就打心眼里不以为然。

如今我观察内心之后才发现，我之所以选择乞丐时尚，并不是因为我喜欢那种衣服，而是为了反抗母亲。我身上的"乞丐服"就是我无声的反抗："瞧吧，我和母亲不同，我和那些俗人不同。"然后我慢慢习惯穿便宜的衣服。遇到像婚礼这样必须重视着装的场合，我就会倍感压力。当我穿上正装出门，被人夸奖漂亮的时候，我感觉非常尴尬和别扭。因为我在心底非常担心自己变成只重视外表的"俗物"。

还有一点。有时候我也想买些奢侈品牌的漂亮物品，但是我买这些东西时都是背着别人买，然后不留痕迹地将它进行改装或者修饰。这都是我心里的自责感在作怪，我害怕承认自己和那类人并无二致。

当我了解到内心的这些想法后，我再买东西和搭配服饰时，心思完全改变了。我再也不穿破烂不堪的衣服了。我买贵重衣物时也不再躲避或者感到心虚了。关于服装风格，我的内心已经释然了。

在我发生这样的变化后，有一天我和母亲聊天，母亲就谈起了自己的童年。在母亲小时候，外婆一直挑选最好的东西给她。外婆每周都要带她去洋装店定做衣服。衣橱里的衣服太多，有些一次都没穿过，就直接扔掉了。

看着像孩子般高兴地说起往事的母亲，我也更深刻地理解了她。我终于知道母亲为何对自己那么执着了，而且母亲当初的行为也没有严重到成为我的"伤痛"。只是我的内心

将它解释为伤痛，我的乞丐时尚也是我的内心作出的愚蠢反
应而已。

孩子像照镜子一样模仿父母

一天，我和印度的普里萨（Pritha）老师谈论"父母和子
女的关系"，老师这么说：

"当孩子看到父母处理彼此关系的方式后，既可以活得和
父母完全相反，也可以像镜子一样照搬。比如，孩子看到父母
吵架后，自己不想这样过。但是孩子的内心已经留下了'吵架'
的印象，已经认知到'吵架'的存在，所以孩子就有可能重演
这个桥段。虽然在理论上'拒绝变成那样'，可内心知道的东
西只有'吵架'，所以悲剧必定再演。

意识到内心的力量是如此强大后，有时候也会感到害怕。
因为内心是不会乖乖停留在常识和理论的范畴内的。所以为了
不再重演那种情况，就要先了解自己的内心。觉醒，这是控制

平时人们所说的"自由"，让我联想到这样的人生：不被规则约束，随心随意地生活，想我所想做我想做，想离开的时候拔腿就出发。但是，随心所欲、我行我素，这样就真的是自由人生了吗？就算我做了一切想做的事情，但如果内心本不自由，那种人生还算得上自由人生吗？所谓自由，不应该是从外部世界求之不得，只能在内心世界体验到的吗？

内心的力量、防止悲剧重演的唯一方法。

"不过，虽然父母不和甚至离婚，孩子却不一定会遭遇不幸的婚姻。孩子的内心刻上了什么东西虽然重要，但是，孩子重复思考那段经历的频率、思考的方式以及他当时的感受，这些更重要。事实上正是这几点决定了一切。"

按照普里萨老师所讲，我们看到父母的行动之后就对它有了鲜明的印象。当我们的内心装进了这个行为后，如果自己不加注意，它就会在我们身上重演。

让我们假设一下，小时候，妈妈更疼爱你的姐姐，总是将你和姐姐作比较，甚至还会说些挑剔的话。这时，在你的内心就刻印上了这种比较的方式。那些母亲将你们作对比后说的话，也让你的内心无比受伤。但是因为你的心只认识这种方式，当你成人后就会再上演这种比较的行为。现在你将你的孩子和别人家的孩子作对比，在孩子心头插上一把刀。这就是历史的再现。

但是并不是因为母亲将你和姐姐作了对比，你就一定会将自己的孩子和别人作比较。小时候母亲的行为对你造成伤害，这一点很明确，但是"接下来"却更重要。你在受到这种伤害之后是不是经常去回想，你又是如何对待这种伤害，这个更重要。这才是左右你的内心决定、思维方式和行为的主因。

假设你因为母亲的比较而受伤，之后一直埋怨母亲，憎恶姐姐。假设这些感情在你的脑海中不断翻腾，让你总结出"作比较是不对的"，然后你一直努力让自己成为不作比较的人、和母亲不同的人、一视同仁的人。不想作比较的内心、试图一视同仁的内心，这些都是你从伤痛里延伸出来的反应。如果你没有觉察到这个事实，就会埋下祸根。最初你会坚守不作比较的内心，但很可能在一个决定性的瞬间崩溃，用比较再次伤害某个人的心。

这段内容不只适用于因对比而受伤的情况。我们或多或少都会从父母身上受到些伤害，然后不知不觉间将它重演。假设过去父母出门办事，把你一个人留在家里，让你感到孤单害怕，现在你成为父母后，就会以出门挣钱为由将你的孩子再度变成孤单的孩子。假设过去你屈服于父亲的大男子主义和绝对权威，偷偷为自己的懦弱而自责，现在成为大人后，你就会以命令性的口吻命令下属，而不去倾听他们的心声。

记住，如果你掩藏了过去的伤痛而活着，那么那份伤痛一定会变成人生定式，在你的生活中重演。虽然事件和对象会有不同，但类似的事情总会重复发生，就如同编好的剧本一样。所以我们很有必要看清受伤的源头事件，然后察看并感受那份痛苦，最后将它化解。

还有一点，你必须看清自己在事后是如何对待和思考那次受伤事件的。受伤之后，一定有某种想法在心底生根。譬如，人生怎样，人怎样，我怎样等。这种总结式的想法，会在下次遇到类似情况时重演。想法相同，应对方式就相同，所以行动也会相同。只要你察觉不到那个反复出现的想法，过去就会不断重复。如果过去支配了现在的人生，你又如何说自己正活在当下呢？如果你想从过去的牵绊中脱身，就直视自己心中不断盘旋的想法，治愈那些被自己遮住的伤口吧。

人生是美丽的。如果能从过去挣脱出来，我们人生的每个瞬间都能比上一秒更新、更有创意。我想那才叫作真正的人生。

过去我以为我喜欢父亲

我有两次失败的婚姻，二十多岁时一次，三十多岁时一次。我自认为，除了男人问题外，我在其他领域都取得了还算可以的成就，即使不是最棒，也足以让世人为我称道。但是很奇怪的是，这个男人问题我却总是处理不好。我感觉它像我上学时遇到的一道题，不论老师怎样讲解，我总是见一次错一次。

小时候我经常告诉自己："我以后长大了一定不变成父母

这样，一定不会找父亲这样的男人，绝对不像母亲这样生活。"我如同念咒语似的，一遍遍在心底重复这些话。我打定主意以后绝对不会离婚，一定会营造一个幸福的家庭。

但是这些想法只是表面上的想法而已。我心底最反对的那些想法全都插上了翅膀，来回盘旋。而最后，那些表面上的想法都没能成真，我的人生还是被我心底不断盘旋的想法占领了。我想长大后绝对不离婚，结果先后经历了两次婚变；绝对不找父亲这样的老公，结果还是遇上了同样的男人；绝对不像母亲那样成为没有丈夫的人，结果我还是变成了这样。

如果渴望幸福的家庭，首先要将家定位在"有爱和喜悦的地方"。但是过去我对幸福的家庭没什么概念。因为我小时候的那个家是个"不幸和不安感共存的地方"。我的父母彼此看不顺眼，隔三岔五地吵架，最后还是分手，这些事实在我心底抹杀不掉。

如果渴望幸福的家庭，还需要维持好夫妻关系，相互信任，相互负责，共同成长。但是我对"配偶"这个词的印象就是会背叛你的人、无法信任的人、无责任感的人。过去父亲就是这样对待母亲的，他冷落母亲，最后还离家出走。父亲的行为对我也造成了伤害，而且这种伤害还尚未治愈，我的内心深处被这个伤口和痛苦占据了一席之地。这就像种下一棵腐朽的种子，我却梦想它能长出一棵参天大树，结满一串串果实。

　　而且更重要的是，在父亲离开家之后，从小积累起来的对父亲的怨恨、不解、愤怒，都被我一次次拿出来捏圆搓扁。可不幸的是，这种行为不仅没能抚慰我的伤口，反而给我自己制造了痛苦的深渊。

　　如今，人们将离婚看得很平淡。可在 20 世纪七十年代，这还是邻里茶余饭后的最大谈资呢。所以小学时我经常因此被别人取笑、排挤。年幼无知的小朋友对我说："你爸爸和你妈妈离婚了吧？所以我们不和你玩。"当时我还不理解离婚究竟为何物，只记得自己一遍遍跟同班同学解释："不是的！我爸爸马上就回来了！"可是我心里却在想，如果爸爸没有离开家，我就不会被朋友们戏弄。我在心里埋怨他，这种感觉在不断堆积。

　　在那之后，每到生日、运动会、毕业典礼等各种父亲缺席的场合，我对父亲的愤怒就会加重。每次看到母亲疲倦的身影时，我更加讨厌父亲。去朋友家串门，或者在饭店看到别人一家其乐融融吃饭的情景时，我更加怨恨父亲。每当我意识到父亲的缺席，我就陷入"父亲不重视我，父亲不爱我"的想法中，我的内心独自度过了愤怒的时光。父亲在情感上、经济上都没有给我支持，如今我发现他连爱和关心都没给过我之后，我对父亲的怨恨和憎恶就不断升级了。

但是真的很可笑的是，我竟然不知道自己是那么恨爸爸。即便我小时候花了大把的时间埋怨他，我依然不知道我恨他。因为那些想法都不是在我清醒的状态下产生的。我平时总努力表现得像个"乖女儿"，甚至在别人问起时我都表示"我理解父亲"。我总是尽量遵守作为一个女儿的道义。

"我理解父亲。父亲那样做有他的道理。反正都是过去的事了，说那些有什么用……我要更孝顺父亲，与继母和继母生下的小妹妹和睦相处……"

我似乎一直用这种想法自我催眠，而且长久以来一直重复着这些想法，以至于我真的把它当真了。但是我心底对父亲的厌恶和愤恨也偶尔会涌上来。

比如，看到他给小妹妹买了贵重的衣服和新鞋，我就想："对我连学费都不愿意出，却给妹妹买那些东西！"我在心底恨父亲对我不尽任何义务，却对妹妹那么好。而且看到父亲、继母和小妹妹其乐融融的样子，我就深感自己是个多余的人。我也经常会有深深的嫉妒感，可是我立刻告诉自己，嫉妒一个比我小十四岁的小孩子是很荒唐的行为，然后就忙不迭地把这种负面情绪藏起来了。

有一次，很久没联系的父亲给我打电话："妹妹比你小那么多，你要尽好做姐姐的义务，多给她点建议。"

父亲就是为了说这事才给我打的电话。我嘴上应承着说好，可心里非常委屈、愤怒，我也因此更加讨厌妹妹了。

但是当时我还不懂得如何观察内心，我压根没意识到自己产生了这些想法。我佯装什么事都没发生，然后将那些负面情绪全埋在了心底。我以为自己还是理解和喜欢父亲的。

用脑袋理解，用心憎恶？

来印度学习的某一天，在冥想的时候，我对父亲的所有真实想法全部浮上了水面。我发现这么多年来声称的"我理解父亲"竟然不是事实。成年后的我，其实已经在理智上理解了父亲，这是事实。可是我内心住着的小轸熙却无论如何都不理解父亲。

"为什么父亲不重视我？""为什么要丢下我离开？"四岁的轸熙，六岁的轸熙，十岁的轸熙，她们实在无法理解也无法原谅父亲。事实上我的内心一直很痛，我自己都无法直视那个受伤的心灵。因为过于痛苦难耐，于是就用"我理解父亲"的名义把那份痛苦掩藏了数十年。我一边冥想，一边领悟到了这个事实。

而且，这么多年来我一直自称是个乖女儿，努力去尽为人子女的义务。可我发现这并非因为我真的善良，而是因为我觉得如果我表现得很听话，父亲就会认可我；因为我觉得那样做会凸显我的优秀，能够提高我的存在感。这也是我在冥想中观察内心时认清的事实。"真棒，轸熙！你真的很善良，有深度！"当周围的人这样称赞我时，我就觉得自己比父亲优秀，比父亲有出息。我正是用这种方式来安慰自己。

当我看到这个事实时，才明白我所谓的"乖女儿"形象都是虚假的。这时我的心情就像拿掉佩戴多年的面具一样。真的，最初我感到很彷徨，很惊讶，我简直想找个地洞钻进去。那种想逃避的心情真的很迫切。但是我跑得再快，也挣脱不开自己的影子，不是吗？无论是什么样的影子，只要是我的影子，我一定逃不开它。而且我也真心想变得幸福。这种向往给了我勇气，给了我坦诚面对自己的力量。

当我褪去披了多年的"善良的乖女儿"的外衣后，内心深处躲藏着的巨大的憎恶感就很清晰了。我真的十分惊讶，没想到自己心里竟然有那么庞大的愤怒和憎恶情绪。而这些情绪都是因为埋怨父亲才产生的。到这时我才知道，为什么这么多年来每当遇到难事的时候我就不由自主地怪罪到父亲身上。

每次遇到难关，我心里就想"当年父亲若不那样做，我的人生就不会如此"。我心里怪罪父亲，积累了很深的愤怒。我恨自己的父亲不像其他父亲那样，我也为自己的家庭不如其他家庭温馨而感到羞耻。

虽然父亲的确没有尽到做父亲的义务，也确实做了一些错误的事，可深究起来，父亲做过的伤害我的事也就几件而已。比起父亲做的那些事，我在事后的内心反应对我的影响更大。我的埋怨引发了愤怒，愤怒让我不幸，也影响到了我周围的人。

更糟糕的是，我从小就拿定主意长大后不像父母那样生活，也无数次地想着不找父亲那样的丈夫，可是这些想法却控制了我的内心，最后让我最不希望发生的事情全部变成了现实。

错综复杂的线团终于解开

我第一次意识到自己长久以来都活在愤怒和憎恶里，那一瞬间，我第一次朝自己的内心摇了摇头。这次我对自己投入了百分百的注意力。我观察自己，发现那里住着一个极度需要爱、也值得被爱的很珍贵的孩子。那就是我。那是最单纯的我。

数十年来我一直背对着她，没能好好照顾她。这次我将我全部的爱和关心都馈赠给了她。我也花时间去尝试理解她心底那份长久的愤怒和憎恶。我第一次遇见自己，并和自己建立起真正的关系。治疗父亲带给我的伤痛的过程，就像是在解我人生中最杂乱的线团。因为，虽然小时候那些情绪只是源于讨厌父亲，可后来我的内心不断重复那种愤怒和憎恶的思考方式，还把别的男人也拉进了这个框架里。面对家人、朋友、同事、我自己时，愤怒和憎恶才是我内心的常态。我变成了容易发怒和容易憎恶别人的人。

在进行这种觉醒之前，我曾这么想过：A 在讨厌 B 的同时还能爱上其他人。但是后来我领悟到内心不是那样，也做不到那样。我的内心就只是一颗心，一个意识，如果我用心讨厌父亲的话，那么这种厌恶的内心迟早会渗透到我的整个人际关系中。相反，我内心深处真的爱着父亲的时候，那种爱也终将延伸到我所有的人际关系中，我才有可能真正和别人处理好关系。

当我觉醒后再次遇见父亲，我心中的感觉真的很奇特。生来第一次将他当作一个"人"来看，而不是谁的"父亲"。在此之前，我心中有一部关于父亲的"埋怨的故事，愤怒的电视剧"，我从未将他作为一个独立的人来看待。但是，当我不给父亲贴上任何标签，清空对他所有的评价和判断之后，父亲在我眼里就成为一个"生命体"了，而且这个叫作"父亲"的生命体是那么的美好。人品也好，笑纹也很美丽，嗓音也很温柔，又多情又开明，他真是一个非常好的人。我决定再也不留恋过去，要和父亲重新打造真正的父女情谊。

后来我和父亲两人单独约会进餐，我第一次对父亲说出"爸爸，对不起，我爱您"。我向父亲保证，我会做个更称职的女儿。那天父亲也向我表达了歉意，然后我们都释怀了。

其实过去父亲也曾对我说过对不起。但是当时的我根本无法真心接受父亲的道歉。我只当那是父亲为了缓和与我的尴尬关系而说的场面话。过去的我因为一直抓着内心的伤痛不放，哪怕父亲对我道歉一千次，我也不会听，不会接受的。但是那天却不一样。我感受到了父亲话语里的真诚，感受到了他的心意。我第一次感受到父亲和女儿的心是相通的。

从那以后，我和父亲在一起的时间越来越多，直到父亲辞世。我们一起吃饭，一起散步，一起聊天，一起笑，在这些幸福的背后，就是一份最深沉的爱，那段时间成为人生送给我的最珍贵的记忆。

世间无数的人和事都像镜子一样照着我的心，当然包括人际关系。就像我们站在远处时，看不清镜子里自己的缺点一样，维持着适当距离的关系里，一切都只是朦胧的美。但是当你站在镜子面前仔细观察自己的时候，所有的缺点都原形毕露。同理，和我们关系最亲近的父母和家人，就起到了这面镜子的作用。正是我们最亲密、最放肆、最不设防的这些人，让我们有机会真正爱上自己，连同缺点一起。

10

如何成为
心灵的真正主人

现代人每天待在桌前超过十小时。大多数职场人都是这样。当你长时间保持同一种姿势坐着的时候，你的脊柱就会在不知不觉间弯曲。我们根本察觉不到，一天就这样弯着腰度过了。一天，一个月，一年……日复一日，这种动作成为习惯，驼背就变成了常态，很难再恢复，脊柱也变得扭曲，给身体带来痛苦。

但是我们偶尔也会意识到自己的坐姿问题，才突然发觉原来自己在弓腰坐着。这时我们就有了选择的余地，是继续习惯性地弯腰驼背坐着，还是为了我们的身体健康着想，抬头挺胸，纠正坐姿，这就由你决定了。

内心也一样。我们每天要产生无数种想法，思考从未停止过，但我们却不曾留意自己此刻的想法。这就像坐在桌子旁没有意识到驼背一样。如果你想从内心的伤痛中逃脱，想从消极想法的束缚中恢复自由，就要随时观察自己的内心和想法。

如果我们今天不仔细观察内心，放任它自由生长，只顾着为生活忙碌的话，那么十年后、二十年后，终会有一天幡然悔悟："我怎么会变成这样？我过去怎么会那样做？我现在到底在做什么？"

前面多次提到，留意自己的想法就叫"觉醒"，即观察自己当下正在想什么。就像只有意识到驼背后，才有机会纠正坐姿一样，只有看清自己在想什么，才有机会决定自己是否要从人生的痛苦中解放出来。

我现在身在何方？

某天我驾车行驶在路上，我分明打开了导航仪，但也许是出了故障，GPS找不到我要去的地方。当时我明明是在江南区，导航定位却显示我位于钟路区的钟路一街。如果想启用导航功能的话，最起码要先识别出我现在的位置，才能正确选择导航路线。觉醒也一样。觉醒最基本的前提是先认识自己的内心，即了解自己的想法和感情此刻处于什么样的状态。只有正确知道这一点，才可以开始觉醒。我明明在江南区，却佯装成自己在钟路区的话，就无法启动导航，无法到达目的地。同样的，明明觉得不幸福，却佯装成很幸福；明明很害怕，却佯装成无所谓；明明彼此厌烦，却佯装成很相爱；明明嫉妒对方，却佯装为对方着想，这样就无法真正认识自己的内心。当然，觉醒也就不可能实现了。

觉醒就类似于定位。如果现在我的内心很孤独，那么就从"孤独"开始出发。不能躲避，不能掩饰，必须用一颗真心来观察我的想法以及它们背后紧随而来的感情。只要你愿意理解自己的内心，这就够了。在觉醒的世界里，没有"好想法、坏想法"，也没有"好的感情、坏的感情"。不论是想法还是感情，一旦用好与坏的标准去判定它们，观察就会变得不可行。因为，断定为好的部分就会紧握不放，断定为坏的部分就会努力想要隐藏。所以在觉醒的世界里，没有好与坏之分。要撇开是非黑白，观察内心的最原始面貌。

比如，心生嫉妒的时候，内心就会备受煎熬。这时你就像导航一样找到嫉妒心所在的位置，然后观察它。当你的内心一边说着"不，不，我没嫉妒"，一边带领你去定位其他位置的时候，你就要察觉到这种状况，将内心带回原位，然后不断深入地去观察那个想法。

"啊，原来我在将自己和朋友作对比啊。朋友发展得好，这让我产生了自卑感。我在嫉妒朋友呢。我在害怕自己不能像朋友那样成功。"

就像摸索道路一样，紧追着自己的想法，最终就能发现自己的内心。像这样不断深入地了解自己、认可自己的过程，就是觉醒。

如果你能明白哪些行为不属于"觉醒"，那么你就会明白什么是"觉醒"了。

"啊，我这样嫉妒好朋友可不对。朋友对我那么好，那么贴心……我要心善才行！"

这种情况就属于将嫉妒的想法强制性地转变为相爱的想法。企图将消极的想法硬性地变为积极想法，将一种想法转变为另外一种想法，这不是"觉醒"。

"啊，我现在在嫉妒那个朋友啊。到底这种嫉妒心是从何而来呢？莫非是从幼年时的某个事件生发出来的？是因为小时候我经常被拿来和姐姐作比较，所以才这么爱嫉妒吗？看来我要学习爱自己的方法。我过于自卑了。我总觉得自己浑身都是缺点。我要培养自信心。"

这种情况是分析自己的内心。分析不是觉醒。观察自己的

我们每个人都有一份孩童般的单纯，
这种单纯可以让我们分享爱，
感受喜悦，
感恩世界。

想法时,完全不必去探究是什么创伤或者经历导致了这种想法。没有必要非去解剖和分析引发这种想法的原因。内心的观察和觉醒,不同于心理学家和精神病医生做的心理分析,它只集中精力在此刻的想法上,将焦点放在观察那些想法带来的内心反应和变化上,这才是重要的。但是如果在这样观察想法的过程中,自然而然回想到某件往事,那就轻松地接受它即可。但是,记住,我们完全不必要费尽心思地去探究它。

超高速的想法和内心的想法游戏

"我什么都没想,就烦躁起来了。真的是什么想法都没有,突然就生气了。"

我们经常这样认为,可事实并非如此。没有想法的时候,是不可能产生情绪变化的,必定是想到了什么,才会引发了某种情绪。只是那个想法消失得太过迅速,看起来好像真的什么事情都没发生一样。

　　为家人做了几十年饭菜的母亲，听到有人提到"肚子饿"，眨眼的工夫就能做出美食，因为她做过太多的练习，所以基本不会浪费时间。想法也是一样。比如，如果这几十年来经常有某种想法引起你的烦躁，那么内心对这种想法就会太过熟悉，然后以光的速度迅速闪过这个想法，速度太快，所以好像看不到它。但越是这样，越应该冷静地坐下来观察，耐心地感受和观察当时内心的情绪和想法。

　　假设你跟朋友打着电话，他突然不听你说话，转去跟旁边的人讲话。朋友一个小小的行为就会让你想到："他对我不上心，他到底把我放在什么位置？瞧不起我吗？别的朋友比我更重要吗？"这种想法闪过，叫作"烦躁"的情绪就会像波涛一样拍打在心头。

　　然后你会有其他想法随之而来。"他是不懂照顾别人感受的自私的人。不只这一次，上次见面时也一样，上上次聚会时也一样。这个朋友总是以自我为中心。"这次你的内心翻涌上叫作"愤怒"的情感。片刻之后，朋友和别人结束谈话后，说："嗯，抱歉，刚才说到哪儿了？"这一瞬间你就对朋友大发脾气了。

　　你的怒气到底是对什么作出的反应呢？你不是因为朋友的

行为而发火。你的怒气是对内心评价朋友时的那些想法作出的反应。你内心编写的故事情节以怒火的形式表现了出来。

这个过程就是内心最常做的"想法游戏"。现实生活中发生的某件事——比如上面这个例子中朋友在通电话的时候和其他人讲话——成为触发内心不满的导火索，然后持续进行那些会制造痛苦的想法。如果你没有及时观察到这些想法，就会陷入情绪漩涡里，认为这些想法本身就是事实。这就是想法寄生在你身上的方式。而观察想法这个游戏，就叫觉醒。

心里产生某种想法的时候就原原本本去观察这个想法。这种想法若引起了某种情绪，就实实在在去观察那些情绪。接下来又会有其他的想法产生，又有其他的情绪浮现。某种想法促使某种情绪生发，另外一些想法又促使另外一些情绪生发，这些想法和情绪又促使我们做出反应、采取行动。

全神贯注去留意这整个过程，就是觉醒。不要判断那些想法是对是错，也不要评价那个情绪是好是坏。如果你认定它是坏的，就会不自觉地去推开它，或者想要压制它。所以不要这样做判断，只要抱着看电影的心态，静静地观察就好了。

网游成瘾者就是因为陷入错觉中，认为电脑游戏里的虚拟世界是真实存在的实相。认为自己的想法是事实，被情感牵着走，作出情绪化反应的人们，跟这些网游成瘾者没有区别。没有上瘾的游戏玩家都明白电脑游戏只是游戏而已，他们只是享受玩乐的过程。同样，观察自己的想法时，清醒认识到内心的想法游戏只是游戏，冷静去观察，这就是觉醒。

就像生来第一次思考一样

妻子剪掉十厘米长的头发，完全换成了另一种发型，但是丈夫依旧没有发觉。关系亲密的朋友做了整容手术，可我们也没看出来。在我们的生活中，这种事情并不稀奇吧？我们为什么不能快速发现对方的变化呢？真的是因为不关心对方才这样吗？

没错，就是因为关注度不高才这样。说得再具体点，是因为内心认为自己都知道，所以没有去关注。你想象一个每日见面的人，仔细想一下他的脸、表情、着装、语气、聊天的内容，是不是很难描述清楚呢？到底上一次仔仔细细观察他，是在什么时候呢？平时，我们对自己熟悉的人都只是大致看一下而已。

我们以为自己十分了解对方的长相，所以不再仔细盯着看；以为了解对方接下来会说什么话，所以没有仔细去倾听。"啊，又开始发脾气了。啊，又开始发牢骚了。接下来他肯定要说些冷幽默了吧？"我们内心这么想着，眼睛盯着对方，耳朵也都张开着，但是其实我们没有看，没有听。

相反，我们与陌生人见面是怎样的情形呢？我们会对其长相、表情、手势、衣服、行动一一留心观察。我们不知道他会说什么话，有什么行动。爱发脾气的人、啰唆的人、冷静的人、温暖的人等，我们还没有一个适合贴在他身上的标签。因为不了解，所以我们会留意观察。

人们就是这样。因为不知道，所以会看、会听、会观察。但是自认为已经了解之后，就不听不看了。我们看自己的内心时也是一样。我们活着，千万次地去埋怨、计较、比较、判断、嫉妒。这些想法实在是太频繁，我们认为非常了解它，所以就不仔细观察了。

"对！我知道我在生气！"我们这么想着，便不对自己的愤怒投注注意力。虽然令我们生气的想法出现过无数次，但是我们却一次也没有观察过，只是任其经过，然后我们慢慢变成对感情麻木的人，自己都不知道自己会生那么大气，也不了解自己会用什么方式应对。

如果你不想背着毛驴前行，而是希望能骑着毛驴走的话，你必须学会察觉内心的习惯。你需要自我觉醒。你要懂得观察内心的想法和感情，培养一双看懂内心的眼睛。只有这样，才不会被惯性的想法牵着鼻子走，才有能力去选择。如果你想自己主导自己的人生，那么就成为内心的主人吧。

　　知道自己是爱发脾气的人，与对自己的怒气进行观察和觉醒，这完全是两码事。所谓觉醒，就如同初次见到新的朋友，会仔细观察和体会自己内心生发的想法，就好比是生下来第一次有这种想法一样，全神贯注去感受它。

　　你坠入过爱河吗？不论对象是爱人还是子女，"捧在手里怕摔了，含在嘴里怕化了"，这种感情你肯定是了解的。爱某个人的话，我们就会细致地去观察他。不是为了分析他的优缺点，也不是为了判断他哪里好、哪里坏。只是因为爱，所以看；因为想看，所以看。而且会一边观察一边感叹："哎呀，眼睛好水灵啊。笑的时候嘴角会上扬啊。喝水的时候是这样拿杯子啊。"我们会将他的脸型、表情、嗓音、笑声、行动、语气等等全部观察透彻。

　　觉醒时对自己的想法也是这样的态度。用充满爱的目光细致观察。观察完一个想法之后，再观察另一个想法，接着是下一个。观察那些想法会带来怎样的情感，这种情感停留一会儿后又产生什么想法和情感。整个过程就如同盯着自己最爱的爱人和孩子一样。仔细地观察，就是爱。如果不爱，就不会这般关心。细致观察的行为本身就是一种爱。所以觉醒就是爱。

　　在进行观察内心的觉醒练习时，最好是坐在椅子或者地面上，挺直脊椎，闭上眼睛。首先关注自己的呼吸，让内心集中注意力。深深地、慢慢地用鼻子吸气，再用嘴吐气，如此反复七次。这种呼吸法对集中注意力很有帮助。然后用鼻子自然地吸气呼气，开始回想那些让自己痛苦的事情。集中全部的注意力，观察这个事情所携带的所有想法和情感。

如果你感觉闭眼静坐有些困难，也可以一边散步一边觉醒。但是一定要选择一个安静的地方去实践，保证你的注意力不会被分散。

11 观察，感受，觉醒！

我们对外部世界很熟悉。我们学习和工作，与人打交道，发生紧急情况就立刻采取行动，控制局面。"做（doing）"已经融入我们的身体里，而且这样活着是正确的。在外部的世界里，不论什么事，都要积极去行动、实践，因为只有这样我们才能成功。

但是我们的内心不是这样。内心世界的成功方式和外部世界的生存方式截然相反。比起"做"，我们更要学会安静地深入观察。不要判断是非好坏，也不要试图去改变什么。一切的想法，都只能从旁观察。好的感情也罢，坏的感情也罢，浮现起来的所有感情都要仔细观察。

想想你从镜子里看自己的脸庞。如果你离镜子很近，就能看清脸上的所有纹路。眼睛、鼻子、嘴巴长什么样子，也能一目了然。觉醒就是用这种方式，全神贯注地观察内心发生的一切想法。就像你照镜子时并不想改变自己的脸，只是纯粹地观察，觉醒也是如此，只要单纯地观察想法就好了。

这样集中精力的观察，就是觉醒练习。刚开始时你肯定觉得很陌生，但是每天坚持练习的话，就会变得简单。就像练习瑜伽动作一样，刚开始下腰时，大腿后侧的肌肉有着撕裂般的疼痛，不管怎样努力，手指尖都无法触碰到地面上。可如果每日都坚持练习，总有一天你的上半身能轻松弯下去，手也能很容易地放在地上。觉醒也一样，越练习越简单。

内心在前，行动在后

前不久有一个瑜伽冥想主题的活动在外地举办，我需要出席。但是在活动开始前，那个活动的负责人打来了电话，竟然通知我不用前往。我询问原因时，他告诉我，参加那个活动的人们觉得我不好相处，我不去参加的话对大家都好。

那天我的内心变成了擂台。去，不去，这两种想法在我内心不停地搏斗，就像拳击选手一样，你一拳，我一拳。一方面，这是我已经答应要出席的活动，那么就应该去参加。可另一方面，我也很畏惧见到这个说"不去对大家都好"的负责人。我不想见到他，所以又不想前往。但是我又好奇觉得我不好相处

人生是美丽的。

如果能从过去挣脱出来，

我们人生的每个瞬间都能比上一秒更新、

更有创意。

我想那才叫作真正的人生。

的那些人到底是谁，这话是否真实，他们为什么那么想……数十种想象和猜测让我陷入了痛苦。应该去的理由和不应该去的理由在不断搏斗。我越想，内心越复杂，最后我甚至连思考这些事都觉得累，就想随便下个结论了事。

但是"好吧，去"的结论刚说出，那不应该去的 100 种理由就开始躁动。于是我得出结论"好吧，那不去"，可瞬间那必须去的 100 种理由也浮现上来。矛盾后下结论，然后再矛盾，再下结论……内心真是一片狼藉。说实话，我这一整天耗费了全部的精力在这件事上，晚上回到家连洗脸的力气都没有了。做决定的时间越来越近，这样也不行，那样也不行，我被内心折磨着，最后还是打电话向远在卪度的阿批萨（Arpitha）老师求救了。老师听完我所讲，是这样回答的：

"以你现在的内心状态来看，去也是不当的决定，不去也是不当的决定。因为你的内心在矛盾，源自矛盾的任何决定都是不正确的。那样的决定最后只能引发更多的矛盾。在矛盾没有消除的状态下，作出什么选择，矛盾都会尾随而来。因为这是在矛盾中作出的选择。不管你作出什么选择，矛盾都不会停止。所以你不要着急地得出结论。你应该首先抚平自己矛盾的内心，投入全部的注意力在消除矛盾上。

"现在你的内心因为那通电话受了伤。对吧？那么请你将全部的焦点放在消除这份伤痛上吧。然后当你的内心完全冷静

下来，那时候再为了你、为了那件事、为了所有人，作出你的
选择吧。如果是在爱的基础上作出的意识决断，不论你是选择
了哪一边，那都是正确的决定。到那时候你再作出决定，不论
是去还是不去，你都不会后悔了。"

于是，我按照老师的指导，全神贯注观察自己的伤痛。我
完整地感受那颗受伤的心，也看到伤痛背后立足的那些想法，
之后我才真正作出不后悔的决定。这次宝贵的经历让我明白了
处理矛盾状况的方法。

像我的情况一样，大家在平时会遇到各种大大小小的矛
盾，可以毫不夸张地说，人生本来就是矛盾的延续。想敞开肚
子吃饭，但会长肉；想努力工作得到公司的认可，但自己的身
体和心灵好像都很疲倦；想帮助他人，但是那样会占用自己的
时间，自己真正要做的事情可能就无法完成；想和那个男人结
婚，但是他的单亲妈妈好像不太好相处；想对行动欠妥的朋友
说几句劝诫的话，但是担心他会因此讨厌自己……这些矛盾摆
在眼前时，我们并不会想到消除那份矛盾，而是一心在想"怎
么办"，企图从"做"中寻找到答案："这样做？或者那样
做？""到底说还是不说？""和这个人交往，还是不交往？"

但是矛盾是在内心世界里发生的事情，"做"是外部世界的
活动。心里的矛盾还没有消失，就先作出决定并且付诸行动，那

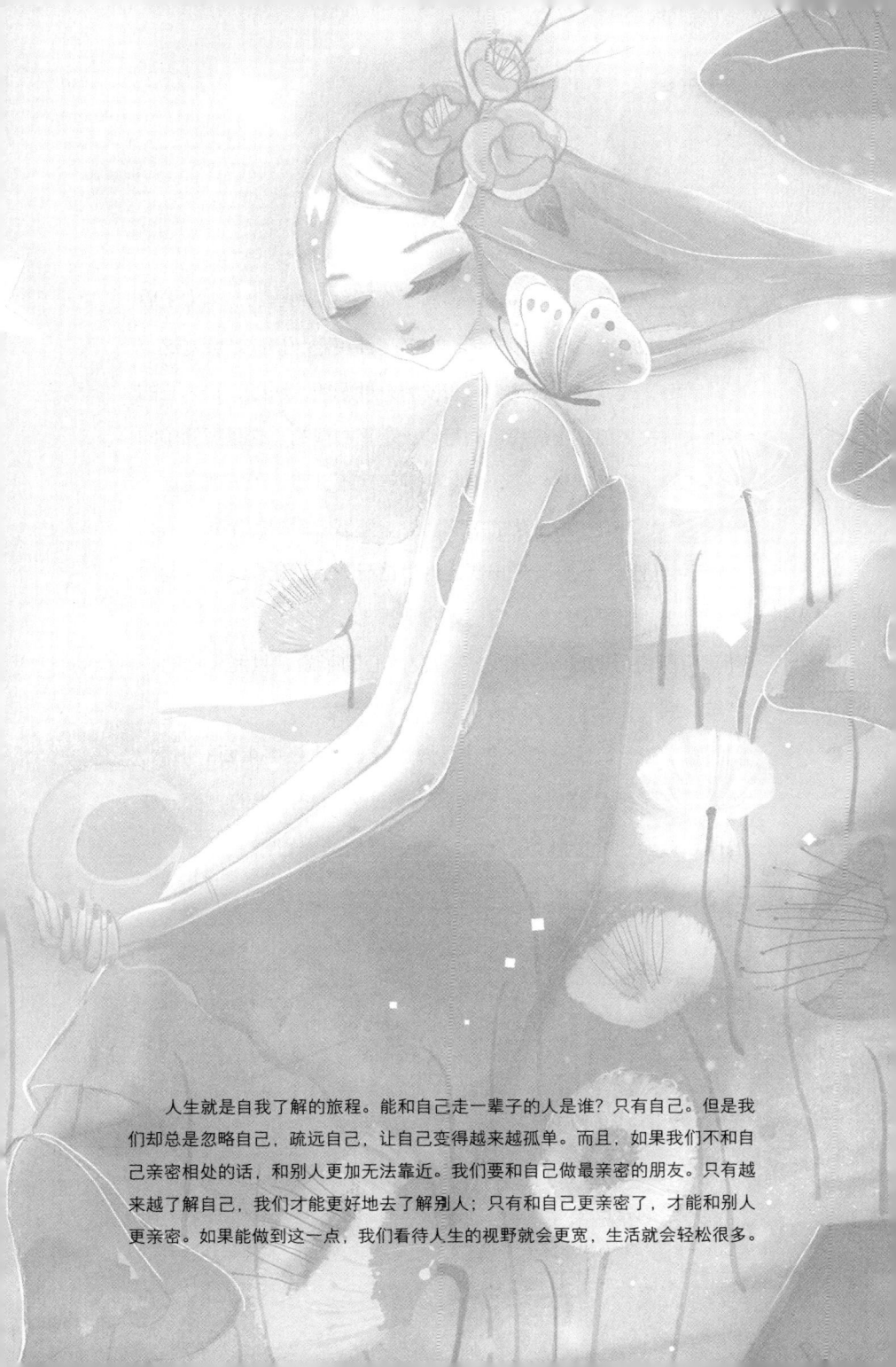

人生就是自我了解的旅程。能和自己走一辈子的人是谁？只有自己。但是我们却总是忽略自己，疏远自己，让自己变得越来越孤单。而且，如果我们不和自己亲密相处的话，和别人更加无法靠近。我们要和自己做最亲密的朋友。只有越来越了解自己，我们才能更好地去了解别人；只有和自己更亲密了，才能和别人更亲密。如果能做到这一点，我们看待人生的视野就会更宽，生活就会轻松很多。

么不管是这样做，还是那样做，问题都不会得到解决。因为矛盾依旧留在内心里。所以不论你作出哪一种决定，最终都会对这个行动后悔，或者这个行动会再引发另一种矛盾。所以，在内心的矛盾未解决之前作出的决定和行动一定是错误的。这是很简单的自然法则。如果树根烂了，那么树叶一定不健康。矛盾就是这个叫作"内心"的树根上生的疾病。除非先治愈树根的疾病，否则树叶不会健康。也许先作出决定并付诸行动，会让你在短时间内变得自在，但是很快就会有更大的矛盾尾随而来。

所以将行动放在后面，先直视内心的矛盾并且消灭它吧。"做"要安排在最后的最后。其实"做"是最简单的事情了。以后再做也行，多等待一会儿再做也行。有比它更重要的事情，那就是先聚精会神观察自己的状态，即内心是怎样的，自己在想些什么，先充分观察内心的矛盾，然后消灭它。

觉醒就是我们的目标

内心痛苦时要立刻进行觉醒。当你感受到烦躁、愤怒、伤心、嫉妒、孤独、害怕等消极情感时，就要停下其他事情，先试着练习感受自己的情绪，观察自己的想法。但是我们都知道，在我们真正遭遇这些情绪的时候，往往没有多余的时间去观察。那么，你也可以在一天即将结束时的深夜做练习。但是切记，一定要保证有自己独立的时间，对白天发生的不快瞬间进行完整的再现。每个人都需要给自己安排这种观察内心的时间，比如照看孩子的妈妈，被工作压得喘不过气的爸爸，被学习重担折磨的孩子……每天只需要拿出几分钟的时间，关掉电话、电脑、电视，拥有完全属于自己的觉醒时间。

观察想法时，你不能将"从我感受到的那份不愉快的情绪中脱身"作为目标。那是存有私心的观察。如果你以它为目标，不管你怎么努力观察内心，那份难受的感觉都不会消失，而且你的心会变得焦躁，想尽快摆脱内心的不适，于是变得更加急切。含有私心的觉醒，只能让自己陷入更深的情绪深渊。

在进行觉醒的时候，要将"觉醒"的这种行为当作目标。当你观察婴儿的脸蛋时，是有什么目的或用途才看的吗？你应该是因为想看那个宝宝就去看了吧？同理，为什么要觉醒呢？不就是为了彻底观察自己内心的想法和情感吗？所以，觉醒本身就是觉醒的目的，不是为了得到某种结果而使用的手段，只是为了了解自己而已。"我是这种人啊。我心里有这些想法，有这些情绪啊。"当你这么想时，反而能从不舒服的内心中变得自由。

人生就是自我了解的旅程。能和自己走一辈子的人是谁？只有自己。但是我们却总是忽略自己，疏远自己，让自己变得越来越孤单。而且，如果我们不和自己亲密相处的话，和别人更加无法靠近。我们要和自己做最亲密的朋友。朋友之间也需要有足够的时间共处，只有彼此了解，友情才能更深。同样，我们也要像了解朋友那样，对自己的内心多加留意。只有越来越了解自己，我们才能更好地去了解别人；只有和自己更亲密了，才能和别人更亲密。如果能做到这一点，我们看待人生的视野就会更宽，生活就会轻松很多。

12　当你感觉理所当然时，人生便开始不幸

每个人都心知肚明，食物里放太多辣椒、盐、味精会对健康不利，可人们就是抵挡不住美味的诱惑，整日胡吃海喝。即便吃完后肚子胀气、手脚浮肿、胃里翻腾，只要吃东西的那一刻很享受，大家就都不计后果了。

吃完辣味或咸味美食，嘴里还不过瘾，会继续吃蛋糕、巧克力等甜食。吃太多甜食又太甜腻，还要再来一杯咖啡之类的饮料。这样一餐吃得太丰盛了，自己的胃部就胀满，身体也变得又沉又累，然后发誓明天不再吃太辣、太咸的食物。但是第二天反而更加饥饿，到处寻找刺激口感却不利健康的食物——垃圾食品大多有这种特点。只吃下这些不能让人满足，还想吃得更多，一转身肚子又饿了。饱腹感只是暂时的，很快就觉得肚子空虚。

相反，健康食品是怎样的呢？选取新鲜的食材，放入少量的调味料，就能散发出食材本身的天然美味。不添加人工香辛料的健康食物，吃起来完全是另一种体验。即便只吃一点，胃里也很充实，不再想猛塞其他食物。吃了咸、辣或碳水化合物太多的食物，短时间内能提神，可很快就会犯困，身体疲倦。而健康食物会让你的肠胃舒适，身体变得轻快，头脑会越发清醒，精气神十足。

而且吃健康食物时，还能充分品味食材本身的味道。哪怕只是吃一颗小小的西红柿，也能让你充分享受到甜味和酸味，果汁、果肉的丝丝馨香，以及咀嚼时的快乐。这些细微的感觉可以提升你进食的乐趣。

吃的习惯和内心的习惯一致

吃的习惯和内心的习惯也没什么不同。先假设一下你动手做一件从未经历过的事情，起步时很兴奋，没过多久就遇到了困难。在你遇到难关的瞬间，心里会想："我怎么不知道这个呢？怎么这么无能呢？"心里的烦躁指数就会抬头，就像吃过很多又咸又辣的刺激性食物后会寻找其他食物一样，当你一旦烦躁起来，情绪也不会停止在那里。你烦躁的时候，就会寻找埋怨的对象。你可能会埋怨公司的同事，埋怨领导或者公司。不管是人还是物，找到这个对象后，就开始不停地责怪，很小的事情也会抓住不放，拿这些对象撒气，然后在叫作"愤怒"的感情里添柴加火。

如果愤怒爆发，是不会轻易停止的。愤怒接下来就是自责。"我怎么连这个都做不好？我怎么总这么无能？我为什么要逞强做这件事，让自己这么辛苦？"然后胡思乱想，就像吃了咸的还想吃甜的，这样还不够再找来酸的吃，从烦躁中引发的情感也会紧接着带来埋怨、愤怒、自责，然后带来挫折感、忧郁和伤感。

我们沉陷在不断恶化升级的感情漩涡中，严重时自暴自弃，将自己关在家里，任何事都觉得心烦，开着电视机，钻进被窝，然后连手指都懒得动。连续几天维持这种消沉的状态，然后你发现一动不动处在这种消沉模式里也很难受。于是改变了心意，对自己说："打起精神再好好干一次！再努力一下！"

但是这种情形并不乐观，无异于在塞满了一肚子垃圾食品后，难受之余作出"明天开始我要减肥"的决定。但不管怎样，至少是将状态调整到了较为积极的方向，并且再次努力了。只是好景不长，再遇到意料之外的困难时，你又会重复这种循环。

　　其实，难关只是难关而已，没有所谓好与坏，只要去做就行了。有时候虽然也会有失误，但只要能从中学到一些经验就行了。本来是很单纯的一件事，但是内心在面对这件事时的思考方式会引发某种特定的情感。如果因为此事产生了消极的想法，我们的内心就会像暴饮暴食后难受的身体一样，变得消极难耐。而且就像吃垃圾食品的后遗症一样，只吃一个并不能满足，还要吃更多其他的食物。同理，烦躁衍生愤怒，愤怒衍生伤感，伤感衍生忧郁，情感就这样启动了恶性循环。

　　你的想法像垃圾食品时，就会带来不良的情感循环，像健康食品时，就会带来健康的情感循环。比如，遇到难关时你想到的不是"我怎么不知道这个呢？怎么这么无能呢"，而是"我成长的机会来了，这是学习新知识的大好时机"，那接踵而来的就是喜悦、热情、希望。即使后来事情的发展比想象中艰难，你也能正视并享受这个过程，当你能感受到工作的趣味时，就会进一步对共同奋斗的同事、给予自己这种宝贵机会的领导和公司怀有感恩之心。感恩会带来爱，因为有了爱，做事情会更努力。

　　如果这种健康的情感循环模式能运转起来，工作就会变成一种享受。不只心情愉快，还能收获很多知识和经验。你不用硬撑着从忧郁中走出来，立志"再努力试试"，而是心甘情愿地想："今天也能做这件事，真是太幸福了！今天要更加努力！"然后积极地开启干劲十足的一天。

是转动垃圾食品般的内心循环，还是健康食品般的内心循环，这完全由我们决定，这是我们自己的选择。路边到处都是饮食店，进入哪家店，吃什么，都是我们的选择决定的。因为知道刺激性食品会让身体劳累，就选择少油少盐的清淡健康食品，这是自己的选择；明知道事后会受苦，还是要体验那一时的快感，选择能吃得过瘾的垃圾食品，这也是自己的选择。你对健康的重视程度会决定你的选择。内心世界也是一样，内心的幸福对我们来讲有多重要，决定着我们接下来的选择。

心灵的最佳补品是感恩

想要身体健康就需要吃健康的食品。同样，想要内心幸福，也需要有健康的想法。吃对身体好的健康食物时，开始会觉得味道一般，但总吃就会懂得那个独特的味道，同时更明白垃圾食品对身体的坏处，以后会主动寻找健康食品。如果经常练习给内心提供健康食品，就会养成健康思考的习惯。我们能提供给内心最棒的健康食品就是"感恩"。

在我到印度求学之前，我对"感恩"很生疏。当时我完全不知道感恩为什么重要。某天，萨摩达施尼老师在上课时讲了这样一个故事。

数千年前，有个能看到未来的僧人。一个弟子问他："师父，未来的世界好像会发生很大变化。发展肯定会有，但貌似也会有更多难以想象的恶毒之事发生。师父，如果您能看到未来，就告诉我人能犯下的最大的罪恶是什么吧。杀人？贪欲？暴行？到底是什么呢？"

僧人摇了摇头，说道："未来的人犯下的最大罪恶不是你说的这几样。将一切看得理所当然，这种想法将是他们最大的罪恶。'理所当然'的想法在心中生根的那一瞬间，内心就开始愤愤不平，然后不幸就会上门。不幸的人无法为世界做任何事。"

我听到这段故事时就像被当头一棒，受到很大震动。原来我就是那个不懂得感恩、认为一切都理所当然的人。

这堂课过后几天发生了一件事。我当时正接受阿批萨老师的一对一谈话，我向老师坦露心扉，说出自己小时候缺少父爱，内心受到很多伤害，而且这些年一直被这个伤口纠缠。我告诉老师，因为"没有人送给我爱和关心，所以我不能得到那些东西，我没有得到它们的资格"的想法支配着我的潜意识，所以即便有人给了我什么，我也不去认可，有时还感到有压力。然后我们的对话主题转到了小时候和母亲的关系上。在我倾诉的过程中，老师问我：

"小学时母亲到学校来接过你吗？"

"是的。"

"每天都来接吗？"

"是的。"

"好的，我了解了。请继续。"

当时我没有多想，就继续讲了下去。但是当个人谈话结束后，我一个人独处时，老师的话却在我耳边盘旋，久久都不消失。老师的那几句话点醒了我。

母亲每天都来学校接我。每天都来。每天。

为什么过去我从未感觉到那就是爱呢？如果一年四季每天都要坚持做一件事，那么哪怕它是再小的事，我们都要付出很多的努力。事实上，要每天为自己做一件事都已经很难了，如果是为了其他人，而且是一天不落地做，那简直太伟大了。我开始搜索那时的记忆，发现母亲不仅每天接送我，还经常在严寒的冬天站在教室外冻得直哆嗦，一等就是很长时间。为了让不适应小学生活的我能随时看到妈妈，变得安心一些，母亲会在教室外面站好几个小时。

为什么我从未对这样的母亲有过感恩呢？别说感恩了，我甚至觉得这是理所应当的，然后直接无视掉了。那天，我将从小到大母亲疼爱我的场景全都回想了一遍，然后感受心中的那份感激之情。这是我第一次体验到感恩为何物。当时我的心中被一股难以言表的充实感包围。我突然觉得自己成为了"心灵富有者"。

不久后我再次见到阿批萨老师，讲述了自己的那次经历。安静倾听我讲话的阿批萨老师用温柔的眼神看着我，这样说："这个世界并不像你想象的那样不公平。有付出，就一定有收获。你的想法是让你认为世界不公平的根源，那并不是真相。"

不懂得感恩的人最孤独

其实在那件事情之前，我也经常对别人说"谢谢你"。但是好像从未有一次从心底真正感受到那份感恩的心，从未发自内心说出这句话。大抵都是出于礼貌、出于习惯或者走形式的表达而已。所以虽然我经常说"谢谢"，心中却缺乏感恩。

因为我内心不存在感恩之心，便将一切都看得理所当然，所以我心中有各种不满。只要事情不如我愿，我就开始念叨；有人没达到我的要求，我心底就愤愤不平。因为没有值得感谢的东西，世界上可抱怨的事情就多了。但是我并没有在外人面前显露这种想法，我只是在内心这么想而已。我表面上装作很宽容，内心却被不满占据，所以自己的心情总是不好。

这种不懂感恩的内心状态让我变得很孤单。当我取得某种成就或者达成某个目标的时候，我就在心里认定这是我一个人的功劳。我坚信，这都是我自己努力得到的结果。其实在我旁边给予我帮助和支持的人非常多，所以真正靠我一人的力量做成的事一件也没有，可是我的内心却偏偏不认可别人的帮助和支持。因为认可了他人，我的自尊心好像就缩水了，所以我的内心直接忽略了他们。没有人和我分享我的成功，我也不想和别人分享。不知不觉间我就将自己赶上了孤独的绝地。

而且，我们活着总会遇到失败的瞬间，那时我更是彻头彻尾变了一个人。我的内心将我变成所有成就的唯一功臣，所以当我产生失误或者失败的时候，我也无法跟别人去探讨。这是我的自尊心不允许的事情。所以失败的瞬间，我都独自陷入苦闷中，自责检讨。

取得的成功都是我一人做到的，我是一个人；做错的事情也都是我一人的失误，我是一个人。我总是一个人躲起来自责和伤感。不懂得感恩的内心，就这样残酷地将我和这个世界切分开来。

训练感恩之心的肌肉

从此以后，我告诉自己要懂得感恩，每天至少拿出几分钟来练习感受感恩之心。当天见到的人、发生的事，每个让我感动的瞬间我都会用心感受。有时闭着眼以冥想的姿势坐着练习，有时候一边散步一边感受感恩之心。

最初真的不容易，就好比我在动用一辈子从未使用过的一块肌肉，但我还是坚持做了。"哪怕每天只做五分钟！"我这样告诉自己。几个月过去后，我的内心就如同被毛毛细雨慢慢浸湿的地面，开始发生了质的变化。

以前在我心底一闪而过的那些认为理所当然的事情，现在也成了我感恩的事。内心不关注的事情，哪怕眼睛睁得再大，也看不到听不到。比如，我练瑜伽之前，甚至不知道它的存在。但是，当我开始练习瑜伽后，一打开电视就看到瑜伽，一和朋友聊天就听到瑜伽，甚至走路时也一眼就看到路边瑜伽馆的招牌。莫非是因为我决心做瑜伽馆，所以突然生出了这么多瑜伽馆？当然不是。是因为我对瑜伽变得留心，将注意力集中在这上面，然后这一切才开始进入我的视野。

同样，虽然我身处的世界并未变化，但是自从学会感恩后，我眼里看到了不同的世界。我的内心聚焦在感恩上，所以值得感恩的事情越来越多。"姐你没事吧？"真心关心我的妹妹，微笑着给我开门的母亲，和我携手经营瑜伽馆的同事，耐心指导我修炼内心的老师……每天需要感谢的人和事数不胜数。

聚焦感恩之后，我那颗超速行驶的内心开始慢了下来，内心被感动的次数变多了。突然有一天，"理所当然"就从我心中失踪了，取而代之的是谦逊。我知道不是我一个人做到所有的事，我真心感受到周围人给我提供的帮助。我已经很少感到孤独了。我懂得了所有的人以及人生中所有的事物之间都是紧密联系的。

感恩成为我们内心世界的通信网络。在感受到感恩之心的瞬间，我感觉自己终于又和全世界的人、和这个世界再次联结起来。我也终于明白，正是这种联结让我变成了幸福之人。

不表达出来的感恩只值 50 分

自从结识了感恩，我的眼前展开了一片全新的神奇世界。我感觉自己的心灵变成了一颗璀璨的宝石。但是接下来我还有一个更大的挑战，那就是将感恩之心表达出来。因为我自小就习惯独处，比较木讷，所以让我将内心生出的感恩通过语言或者行动表达出来，真的很尴尬。而且随着年纪的增长，我身上的责任不断加重，我也开始懂得照顾自己的脸面，所以表达感谢这件事就更加让我难为情了。

但是如果不将感谢的内心传达给对方，无异于买了一份贵重的礼物，精心地包装好后，却没有赠送给对方。所以即使很羞涩，我还是开始练习表达感谢了。遇到感恩的事，我都会当场表达出来。如果那个人就在我身边，我会抓住他的手说，不在身边时我就通过电话或者短信来表达。不忌讳，不犹豫，当下就去实践。然后我得到了一条感悟：内心感知到的感恩，只能打 50 分。只有当它表达出来后，我的幸福才能满分。而且我发现一个小小的用心感谢就能让别人也高兴起来，这是多么美好的事啊。

只要好好回想一下，我们就能发现过去感受到的人间温情。那些瞬间太珍贵，人人都珍藏在心底。我们每个人都记着心中感受到真爱的瞬间。心中没有感恩，也许我们就无法生存了。因为人们最需要的东西不是好吃的食物，而是爱。

当你在心中体会爱和谢意时，内心就没有恐惧的容身之地了。因为这两者是无法共存的。当你怀有感恩之心时，就会迷惑过去自己为何会害怕，当揪出来那些让自己害怕的想法时，会不禁轻声失笑。

让我们每天拿出几分钟时间，回顾一下爱的经历，感受内心的感动，然后向那些馈赠者表达谢意，好吗？那样会让我们的内心变美丽。我不是让你用感恩掩盖疼痛的伤口，也不是让你用感恩去取代消极的思想和感情，而是希望你能将注意力多放在那些能让内心更美丽的地方，经常去感受和培育爱和感恩之心。当我们的内心变得美丽时，我们人生的每一天都会更加美丽。

13 慈悲的根本即"求同"

　　我认识一对姐妹花，暂时就称作 M 和 N 吧。姐姐 M 和妹妹 N 相处时总是争吵。姐妹俩就像是随时可能爆炸的定时炸弹，任何事都能引发她们的争吵，让旁人看得心惊胆战。只要两人共处的时间一长，就会扯着嗓子彼此中伤。周围的人也束手无策，只能忙着拉架。无论如何，吵架总算被叫停了。旁观过姐妹俩吵架的人经常在背后议论纷纷："不愧是姐妹，两人都一样。真是不理解她们到底怎么想的。不管是姐姐，还是妹妹，两人就像一个模子刻出来的。"

　　站在旁观者的位置上看，M 和 N 的确一样。两个人之间没有谁更出色，也没有谁更差劲。两人真的一样。但是如果有人当面这样评价，她们肯定会上蹿下跳发脾气。妹妹喊着"我哪儿像姐姐"，姐姐就叫"我和妹妹哪里像"。

　　这种想法不只是这两个姐妹才有的。和某人吵架，关系生疏之后，我们就会这样想。一边说着不理解对方怎么能那样，一边想"我可不像他"！当内心出现伤口时，我们就不再关注彼此有多相像，而是关注我们的差异有多大。

其实不只是和别人发生矛盾、内心受伤时才这样，我们平时也是如此。"A 比我漂亮多了。B 不如我好看。C 的工作比我体面。D 没我挣钱多。E 的学历比我高……"我们总以这种方式去聚焦自己和其他人的差异点，而且这时心情真的很糟糕。为什么？因为所谓的差异，就是在心底将他和我分离开。而将自己从某人身边拉开，成为两个不相干的人的这种想法，就是最为痛苦的内心状态。

而且这种"我和他不同"的想法并不会就此完结，它会发展成彻底的比较和衡量。将双方放在秤盘上，测量出彼此的价值。如果我处于劣势，比对方弱，就会烦躁、忧郁、受挫。相反，如果我处于高位，比对方更优秀，暂时我会觉得洋洋得意，但是当另外一个人超越我时，又立刻陷入挫折。我的自尊心随着比较的结果忽起忽落，给自己带来更大的不幸。

但是，有时候我们以为"那个人真的不是我喜欢的类型，和我差距太大了"，可了解过后也会发现他和自己很相似。因为兴趣不同，价值观不同，生活方式的差异也很大，所以就断定他和自己一定不和。可是后来不经意间发现他跟自己有着同样的担忧和害怕。一直觉得距离遥远的两个人，突然就变得那么近了。发现他和自己的共同点时，两个人之间的距离感就会减小，内心的厚壁也会坍塌，我们心中就变得很温暖。

在人生的奋战场上体验慈悲

这是关于女强人 H 的故事。H 自称是"无情的人"，因为她一直认为，只有在某个领域做出成绩，才能得到人们的关注和爱戴。所以 H 心中一直绷紧了一根弦，生怕自己沦为平庸。她认为不出色即是罪恶，在工作中动辄就攻击上司"实力跟不上官衔"，有时遇到能力强但沟通能力差的人，就针对他的那个弱点进行攻击。如果对方和自己的想法不同，就会攻击对方思想老套。

H 还有一个信念，就是"男女平等"。她的人生可以说就是与威胁男女平等的事物作斗争的过程。H 被父母训斥时，就想"父亲就是看我是女儿，所以不喜欢我"。其实 H 的父母根本没有重男轻女的想法。

其实，H 也害怕自己成为徒有其表的女人。所以即便心底也非常喜欢美丽的东西，她还是会想方设法去掩饰。她喜欢粉色，却担心别人看穿她女性化的特点，故意装作最讨厌粉色。担心别人说女人做不了难事，所以一遇到困难的事她就挺身而出。"男人能做的事，我都能做。"甚至连那些又苦又累的体力活她也咬牙完成。她看不惯那些不能像自己这样坚强的女人，同时还排斥男人的好意，认为主动帮助女士的男士"是为了以此为把柄，变相将性别歧视进行合理化"。H 经常谴责那些伤害女性的男人，也厌恶那些成为受害者的女人。

当初她和丈夫谈婚论嫁时，曾表示："因为有违我的信念，所以祭祀之类的事情我不做。"为了抓住企图逃跑的她，H 的丈夫情急之下答应道："我们不过祭日，即使要过，祭祀的食物也都由我出去购买，不用你来操办。"

但是结婚之后，丈夫的诺言没有实现，祭祀也没有省略，祭祀食物也没有到外面买。不过婆婆也说现在祭祀的次数减少了，走亲串门的亲戚少了，自己也自在多了。但每当到了祭日，H 的内心都备受煎熬，因为这一天她要和自己平生抗争的那种绝对信念相背离。

H 开始将男人才做的事统统包揽过来，好像这样就能从参与祭祀的罪恶感中解脱，好像就有资格继续主张废止祭祀了。

但是这样一来，本来看她脸色行事就够累的丈夫，现在还要跟H竞争，而且H总是赢过丈夫。丈夫感觉自己无法对家庭尽到应有的义务，内心变得不幸；H则一边做好手中的活儿，一边埋怨丈夫掉在福窝里还不知珍惜，更加憎恶丈夫。而且她还经历了"欺诈婚姻"，如今自己变得这么不幸，她就不断数落丈夫。

H和丈夫也有过一段短暂的国外生活。但是不久他们就回国了，等着他们的是接二连三的祭日和节日。H听到公公婆婆无意的责备后就会受伤，偶尔还掉头奔出去。即使H在学习心灵修炼，依旧无法改变这种状态，于是她还陷入了愧疚当中。她甚至不去上班，断掉所有的外部联系，将自己关在屋子里哭了两天。

最初H以为那是自己为父母流下的眼泪。"因为我的无能，我的父母会受到伤害"，这种想法让她哭个不停。但是事实不是这样的。H的父母根本不知道女儿在经历这些事，更没有受伤。想到这里，她又转而给自己的痛苦赋予更大的意义，她想："我是在为大韩民国所有的女性而哭。"她很愤怒，认为无数女性通过牺牲来与腐朽的家长制社会作斗争，可社会还是没有跟上时代的变迁。她讨厌婆家的所有亲戚，不喜欢这位讨厌祭日却依旧在操办的婆婆。

H立志一定要赢，甚至想以提出离婚诉讼的形式，将这些恶习变成社会性话题，来警醒更多的人。而且她也在周密地做着相关的准备。为了停留在痛苦中，她陷入大脑编写的电视剧里，编剧、导演、制片、主演，都是 H 自己。

H 一直躲藏在自己的兔子窟里。我实在是担心她，就到处打探终于得到她家的联系方式，最后联系上了 H。H 接到我的电话，开始大倒苦水，发泄着过去这段时间的感情。听完她不着边际的那些话，我就对 H 说了唯一一句话："真是万幸。感谢你没有生病，还在好好地活着。"那一瞬间，H 哇的一声哭出来。她逃避自己的工作，还躲起来任由别人去担心，可如今没有听到一句训斥和抱怨，反而是一句"谢谢你还好好地活着"，她的内心十分感动。后来她告诉我，那样的经历对她还是第一次。

H 过去一直忙着自责，从未对自己说过"谢谢你还好好活着"。当她对自己产生怜悯后，突然看清了过去那段死守信念的日子。她对自己产生了慈悲心，也奇迹般看懂了别人冷酷话语背后的温暖用意，看到了他们行动背后隐藏着的那份关心。

比如，祭祀结束后，婆婆会说："你也先回去吧。"这并不是说她不再需要 H 了，而是看 H 十分辛苦，让她早些回家休息。公公说"你们这样还怎么过"，也不是表示他对 H 寒心，而是出于对 H 和丈夫两人的担心，提醒他们别人的帮助都是有限的。H 终于体会到，长辈们因为怕孩子内心受伤，所以说话的时候表现得很冷静，甚至是无心冷淡的样子，可是他们的用意却是好的。

指导 H 进行觉醒的冥想老师这么说：

"你想要改变祭祀文化的规划很好，男女平等也绝对不是错误。但是你已经被锁在这种想法中了。你和你爱的人们之间的关系现在怎样了呢？如果你对这些人际关系没有规划，那就意味着你把正确的信念看得比人际关系更重要。'我是正确的'就很容易占据上风。"

H 终于明白了自己的问题所在。她没有规划好与亲人的关系，只是紧握着"社会正当性"的问题，一心想证明自己是正确的。

当她产生了慈悲心之后，她就能听到公公和婆婆的话里面的真心了。H 也对自己的人际关系作出了规划，接下来她对公婆的反应和态度都改变了，她不再会为一句不痛不痒的话伤心。付出了真心后，她的笑声也变多了，和公婆在一起的时间变得珍贵、愉快。以前，接到婆婆的电话时她会想："本来就忙疯了，又要说什么事来招惹我？"可是现在她反而会主动给婆婆打电话，分享一些幽默的话题。现在的她非常热爱自己的公婆。

我们其实很相像，如果别人能通过觉醒产生慈悲心，那么你也一定能做到。在观察自己被信念束缚的内心时，你能通过觉醒感受到对自己的慈悲心，同时对和自己同病相怜的人产生慈悲心。即使一时感受不到慈悲之心，你也不用灰心丧气。因为你已经拥有了一个叫做"觉醒"的自由港湾，你可以随时回到这里，养精蓄锐，以后再找机会出发寻找慈悲。

我们其实都是一类人

K 从未意识到自己有爱发脾气的习惯。她只当是某件事情惹火了自己，是某个人触犯了自己，一时引爆了自己的烦躁点。而且她说自己生来就有焦虑症："我天生就是这样的性格，你让我怎么办？"她根本不在乎自己会给别人带去伤害。她跟家人、男朋友、闺蜜说话时，语气里总藏着一股烦躁和怒火。

尤其是母亲，她与 K 聊天根本维持不到五分钟。因为她们总是吵架。K 的母亲说："真是没法和你聊天。一和你说话，我就生气。"K 则反击说世上哪有母亲对女儿说这种话，她更加暴躁，说母亲更让自己生气。K 没有意识到，不只是母亲，她和男朋友或者其他朋友也无法进行顺畅的交谈，因为过不了几分钟，谈心就会变成争吵。

事实上，K 从小就活在父亲的阴影中。父亲有严重的暴力倾向，而且嗜酒成性，这让 K 一直活在恐惧中。她总希望父亲从自己的人生中消失，可他却屹立不倒。K 只能忍气吞声。她讨厌这个恐怖的父亲，更无法理解那个死守着父亲的母亲，所以她也怨恨母亲。

K 刚长大，父亲的事业就开始不稳定，经济压力变重，最后 K 的父母离婚了。她心心念念的"没有父亲的人生"终于变成现实了，可是她却没有变得更幸福。她的不满更多，脾气更暴躁，而且她发脾气的对象都是最亲近的母亲。虽然 K 以为自己是爱母亲的，可她却一直给母亲带去巨大的伤害。

曾有人问她："这个世界上和你截然相反的一个人是谁？"K 毫不犹豫地回答："是母亲。"小时候 K 经常想："如果是我，绝对不像母亲这样生活。"数年来一直承受着父亲在言语上和身体上的双重暴力，但母亲一直隐忍不发，继续和父亲过日子，照顾着自己的丈夫。比如，父亲醉酒后对母亲拳打脚踢，可第二天早上母亲依旧准备好饭菜端给他。H 实在无法理解这样隐忍的母亲。

看到这样的母亲，K 非常生气。"要是我的话，绝对不那样生活……"这种想法一直盘旋在 K 的心头。而且每当她重温这个想法时，她对母亲的厌恶就会升级。她越发感觉自己和母亲完全是两种不同的人。而且，K将母亲放在“母亲”的角色上，认为母亲为自己做的一切都是应该的。自己生气时她要听着，肚子饿时她要给自己做饭，换下来的衣服她要给自己洗。母亲也觉得因为自己是母亲，所以为子女做这些事情也是应该的。

当K开始学习内心觉醒时，受到了很大的冲击。因为她终于领悟到“母亲的痛苦和我的痛苦并无不同，母亲和我并无不同”。

“我因为害怕父亲的酗酒和暴力行为，每天晚上都躲在被窝里打哆嗦。那么母亲也是同样害怕和不安吧？我因为生长在这样的家庭里而感到委屈和愤怒，那么母亲没有任何过错却要忍受父亲的虐待，她当时该有多么委屈啊！”

小时候，K每晚都因为害怕父亲而无法入眠，第二天到了学校就呼呼大睡。所以她的学习成绩也不好，每天都在混日子。她没有对未来的憧憬，更别提考虑自己的人生价值了。

“过去，我感觉希望太渺茫，甚至不知道自己存在的意义，所以就自暴自弃。那么，母亲岂不是更想放弃人生了？”

K抱着“母亲和我一样”的想法，重新审视母亲。她第一次意识到母亲和自己一样都是人，都是独立的个体。想到母亲至今为止受到的折磨和艰辛，她就感到心疼，心底对母亲的厌恶像雪一样彻底融化了。

而且 K 持续观察自己的内心，发现了一个令她失语的事实——她竟然变成了和父亲一模一样的人。她发现，她给母亲带来的伤害一点不输给父亲，也就是没有挥舞拳头罢了。从父亲离开后，她数年来一直做着刺伤母亲内心的事情。

当她明白这个事实后，她对母亲感到愧疚。K 生来第一次用全部的身心感受了母亲，发自内心地去爱护这位老人。这时她感受到自己的呼吸从胸腔破门而出，获得了自由。之前 K 一直觉得呼吸困难，现在她的内心获得自由后，身体也跟着自由了。

获得这些领悟之后，K 和母亲的关系完全改变了。过去不敢奢望的那些笑声和喜悦，如今已经成了她和母亲的家常便饭。她们真正变成了"母亲"和"女儿"。有一天母亲这样说：

"咱家竟然能变得这么祥和，我真是好幸福。我的乖女儿，妈妈爱你。"

"我和过去比变化真的那么大？"

听到 K 的问话，母亲这样回答："当然，过去你很讨厌我啊。"

K 当场惊呆了。原来母亲一直都知道。K 以为自己从未让母亲发觉自己的内心，但如今看来，那是多么愚蠢的想法啊……

母亲也是人，也一样能感觉到啊！Ｋ越发感到自己以前让母亲受到了莫大的委屈和伤痛，她决定以后一定更加爱护母亲。

● ● ·

慈悲的内心，从联结开始

萨摩达施尼老师曾说过这样的话："我们用手握住一根头发丝时，无法感觉到它是否就在手心里，那很难察觉。但是如果那根头发进入眼睛里呢？你肯定立刻就想取出来吧，因为那样实在太疼了。"

如果我就像手里抓着发丝却不自知一样，察觉不到自己的痛苦或喜悦，那么我就无法感受到对方的心。看到父母、配偶、朋友等很亲近的人在痛苦，我可能还会批评他们，然后擦肩而过。我连我的痛苦都看不懂，怎么会看到别人的痛苦而有感觉呢？我心中会想："有那么辛苦吗？""就这么点事都受不了，怎么活在这个世上？"

但当我了解到自己的痛苦和喜悦后，就会想到"他和我是一样的"。而且我若真正理解了自己的痛苦的话，就会想"他痛苦时的感觉肯定和我是一样的"。虽然他痛苦的理由和我不同，表现的方式也与我不同，但是他感受到的痛苦和我感受到的痛苦完全没有区别。然后我会将他的痛苦当作自己的痛苦，仔细去感受，就仿佛发丝进入了我的眼睛，让我产生了感觉。我会想尽办法帮他从那份痛苦中逃脱，为他付出一些充满爱的行动。

不只是痛苦时才这样。对他的喜悦感同身受时，我也会发自内心地祝福他。这样我就用真心和我周围的人、和我所处的世界联结在了一起。这样的联结就是慈悲的开始。

在开始觉醒训练之前，我对"慈悲"这个词非常陌生，它从未出现在我的生活中。我觉得这个词实在是太伟大，像我这么粗鄙平凡的人不适合用这个词，像特蕾莎修女这样为人类而献身的人物才适合用这个词。

但是当越来越了解自己的内心世界，我就明白，要想让自己和周围的人都变得幸福，就必须有慈悲。慈悲不是那么遥不可及的，它不是阳春白雪，而是从日常的琐碎小事中生发的。

前不久发生了一件事，瑜伽学院新来了一位前台员工 W。虽然她上任好几周了，可还是失误频出。她总是很冒失，常常丢三落四。如果是心灵修炼之前的我，也许就会在心里急于给这个员工做判断下结论了，然后用审视的眼光再观察她一段时间，如果还犯错误，我就会找她谈话，当面责问她为什么这么冒失，好好教训她一番。

但是当我学会观察内心的方法后，对待同一种事情的方式就变化了。我观察了 W 好几天，但不是为了监视她，而是如同想了解我自己一样，毫无私心地去观察她。当我留心观察之后就发现，这个孩子非常善良，也非常努力，但是因为没什么职场经验，所以就非常谨慎紧张。因为紧张，所以才总是出错。

我开始思考，在一个陌生环境中精神紧张地去工作，她的心情会是怎样呢？我回忆起很久前刚开始工作时的我。那段时间真的如同噩梦。公司没有对不起我，可我还是因为陌生而倍感辛苦，一切都让我紧张和恐惧。刚进公司时，虽然我表面上一切正常，其实刚开始那几周我每夜都躺在床上，哭得枕头湿透。

想到那时候的我，我好像就理解 W 的紧张了。我又进一步想，当时那么紧张的我，最渴望最需要的是什么呢？大概是有某个人走过来，友好地拍着我的背，说些发自肺腑的关怀和建议的话："虽然现在你对公司还很陌生，但慢慢就会好起来，所以请放宽心。"只要这样就够了。只要我能感受到在这么多的人中我不是孤身一人，有人了解我的心，关注我，珍惜我，那么我的内心就会平静很多。

几天后，W 再次出现失误，我把 W 叫来聊一聊。我问 W 是否很累，是否很紧张。我告诉她，就算失误了也没关系，以后把这里当作自己的家就会舒服了。也许是因为紧绷的弦突然放松下来，W 开始哭个不停。我好像也能理解她的内心了——她该是多么害怕啊。

在那一瞬间，我感觉在我们的内心之间有一种微妙的东西穿过。我的内心在真诚地安慰 W 的内心，W 感受到了我的真诚，内心也变得自在了一些。从那以后，W 慢慢变得自信起来。她非常努力地工作，过去的那些紧张和焦躁感都消失了。现在，看到坐在前台的 W 的脸庞，看到她那么热情地投入到工作中，我也跟着变得幸福了。

慈悲并不在遥远的地方。我们能在一个小小的瞬间体会到的东西就是慈悲。像祈祷自己幸福一样，真心希望对方也幸福，并且能将他的幸福当作我的幸福……这种内心就是慈悲心。每当感受到这种慈悲心的时候，我就能体会到我们彼此有多相似，感受到彼此之间的联结。

附录 亲子关系中，
父母和孩子都需要觉醒

　　印度合一大学的克里希纳（Krishna）院长和普里萨
（Pritha）院长是一对夫妻，有一个十岁的女儿洛卡（Loca）。
我看着母亲普里萨养育女儿洛卡的情形，就觉得与众不同。普
里萨真是个好母亲，她给女儿提供了无尽的爱和关心。从孩子
吃的食物，到运动、音乐、语言、学习等，普里萨从多个方面
花费心思，为的就是让女儿更加健康地成长。

　　但是我所说的"与众不同"指的并不是这些。虽然最初我
也很难用一两个词来表达，但是我分明从普里萨对待女儿的态
度中体会到了一些东西。也许是因为母亲的影响，洛卡也出落
得与众不同。所以我更加关注她们，有时候也进行一些询问。

　　我清楚地感受到，克里希纳和普里萨对女儿洛卡有很明确
的规划。普通父母想到子女的未来时，经常考虑到孩子的学校、
职业、外貌等。但是比起这些外在的东西，这对父母更重视对
洛卡内心状态的规划。他们希望孩子能够拥有真正幸福的内心，

能成为懂得感受自己和周边的人。他们为了帮助洛卡成为这样的人，投注了自己全部的爱、热情和努力。他们希望洛卡能成为拥有幸福内心的人，未来会给社会带去积极影响。克里希纳和普里萨并没有向女儿灌输什么好、什么坏、应该做什么、不应该做什么等概念，他们更重视让洛卡能感受自己和周边。

这对父母从不用诱发比较或竞争的方式去暗示洛卡做什么，他们只是将焦点放在如何给孩子幸福和喜悦上。不论孩子在做什么，他们总是努力帮助孩子玩得更开心、更有趣。他们没有刺激过孩子，没有让孩子害怕过。他们很信赖爱的力量。

想教育好孩子，先完善自身

怎样养育子女才算成功呢？所有的父母都有一股热情，想成为优秀的父母。但只是给孩子提供更好的物质上的条件，这不能算是很好地养育孩子。想成为好父母，先了解自己吧。只有你真正了解自己，才会明白孩子需要什么、应该给孩子什么。

我想强调的是，作为父母，要先让自己的内心清醒，然后在清醒的内心基础上，用爱和慈悲来养育儿女。这种育儿方法需要你投入很多努力和热情，但是只要你能这样养育孩子，你终将也会为此感到骄傲的。下面是我和普里萨院长以问答的方式一起分享的子女教育对谈。

没有绝对正确的育儿法，要因材施教

Q：如今的父母们对如何正确养育孩子的育儿法非常感兴趣。请问有正确的育儿法吗？

A：没有一种能原封不动适用于全部孩子的正确育儿法。孩子这样时父母这样做，孩子那样时父母那样做，如果真有这种公式般的育儿法，肯定会很方便，但是世界上没有这种东西。

每个孩子都是不同的，都有自己独特的风格。一个孩子从出生到当下，这段时间里经历的事情是各不相同的。从母亲怀孕开始，孩子在妈妈肚子里的经历、出生的过程、生长的环境等，大家都各有各的经历。所以即使是在同一种状况下，每个孩子接受的东西不同，他们反应的方式也不同。

比如，假设有这样一种父母，他们给孩子提供一切东西，而且在孩子开口说出来之前他们就将孩子需要的东西准备好了。这种类型的父母养育出来的孩子也都一样吗？不是的。有些孩子会变成自私、不懂得自立的柔弱的孩子，但同时也有些孩子会成为懂得关心照顾别人、也懂得向父母感恩的孩子。即使父母的行为一样，不同的孩子也可能出现完全对立的结果。所以不存在一种对所有孩子都绝对适用的有效育儿法。

重视父母和孩子之间的情感联结

Q：这样说来，即使一位母亲给两个孩子提供完全相同的学习条件和环境，用同样的热情为他们作后盾支援，也可能出现一个孩子更加努力、另外一个反而很懒惰的结果吧？那么，为了正确地养育孩子，父母们到底应该怎么做呢？

A：最重要的事情就是沟通，即联结性。父母和孩子是互相联结的。父母的思考方式和生活方式会对孩子造成影响，而孩子思考和生活的方式也会给父母带去影响。随着父母和孩子的联结性的加深，父母就会自动总结出最适合自己孩子的独创育儿法，这比世界上任何一种育儿书中的方法都更有效果。

联结性会随着父母对孩子感知度的加深而加深。父母懂得感受孩子，这是唯一的解决方案。如果不感受孩子，就无法弄清孩子此刻在想什么，孩子的内心状态是怎样的。那么父母就不知道自己到底将孩子养育成什么样子。父母要细致入微地感受孩子做什么事以及做事的方法，要知道孩子在想些什么。如果不去感受孩子，只做一些身为父母必须做的形式化的事情，还强行要求子女去做一些身为子女必须做的事，那么孩子很有可能成长为父母最不期望的那种类型。

留意孩子的感受，让孩子学习体会自己的情绪

Q：现在的父母们为了孩子都在努力打拼。为了孩子，他

们可以奉献一切。但是有些孩子却不理解父母的这些用心，将一切视作理所当然。这时候应该怎么办呢？

Ａ：养育孩子，就如同照料庭院里的花园。要想让花朵健康漂亮，就需要几个最基本的要素。对孩子也一样，也要灌注给他感恩、爱、尊重、共鸣、慈悲等基本价值观。

但是如果你是以强制的方式灌输这些价值观，那就没有任何意义。我总是努力让自己去感受和体会我女儿洛卡的话和行动，尽量和她保持一致。比如，洛卡的朋友送她回来后，我就问孩子："朋友把你送回家，你心情怎样？"

洛卡就会回顾朋友的行为，说心情很好。我不会简单放过孩子的好心情，我会去感受她的快乐，和她对话，让她也有时间去感受那份感激之心。

有时候，因为事情过去得太快，孩子无法完整地去观察自己的感受，也会遗失一些感情。比如，洛卡收到爸爸的礼物，可孩子只是匆匆说了句谢谢。父母在这种时候就要做好引导，让孩子仔细体会自己内心的感觉。可以当下就引导，或者事后找出整块的时间来引导。我会在孩子睡觉之前和孩子一起共处，然后引导孩子想起白天的事情，让她去感受。我会问："收到爸爸的礼物时，洛卡感觉怎样？心情很好吗？"那么孩子就会重新想起白天的事情，重新感受那份高兴的心情。孩子感受到

孩子需要安慰,

也需要感知到我们与他是紧密联结的。

父母必须尽最大努力让孩子生活在幸福、安定、自在的状态里。

的那份好心情里，就有感恩之心和爱了。

父母留意孩子的感受，这是很重要的。我们还是小孩时，没有人教过我们如何去感受，感受什么，以及留意的方法。别人只是教给我们说什么话、做什么事。所以很多人只是为了表面功夫而道谢，没有用心去感受。教导孩子说"谢谢你、我爱你、喜欢你"之类的话时，不要只是教他说这几个词，而要让他去感受其中的真正感觉。教给孩子表达的方法虽然也很重要，但是孩子首先要用心去感受那份感情，然后将感谢和爱表达出来，这一点更重要。不能省略"感受"这一关。

我们生活在一个迅速变化的世界，都希望孩子能够快快长大，快速学习，如同一下单就能立刻见到食物一样。如果你经常这样想，就不会再用足够的时间和精力将孩子培养成幸福的、头脑清醒的孩子了。

帮助孩子学习"感知"并表达出来

Q：我已经深刻理解到，作为父母，用充分的时间与孩子相处，帮助孩子去学习"感知"，这是非常重要的事情。那么，当孩子看到了父母之间发生的一些事，针对这件事跟孩子进行沟通，这也很重要吗？

Ａ：当然很重要。当洛卡的爸爸为我做了某件事，我感知到内心的感激后，也一定会跟孩子说："爸爸这样做，让妈妈觉得心里好开心、好感动。"当洛卡的爸爸在我伤心时用语言和行动安慰我时，我也会对孩子说："妈妈心里非常伤感，爸爸那样照顾我，让妈妈感受到一份很珍贵的爱心。"你要将"感受某种情感并将那份情感表达出来"打造成"家人的价值观"，打造成"家族的文化"。父母有必要给孩子营造这样一种环境和氛围。

还有，丈夫和我平时各自进行觉醒修炼，也能一点点在孩子内心种下觉醒的种子。不久前发生过这样一件事，我和洛卡在公园里骑自行车，洛卡骑得很好，我却是刚开始学。看着骑不好自行车的我，洛卡说道："妈妈你要那样骑自行车的话，什么时候才能学会？你怎么学了那么久还是学不会呢？骑出去一段就摔倒，再骑一段又摔倒……妈妈，你再认真点练习，好好骑吧！"

孩子说着说着突然停了下来，好像在想什么事情。我正好奇她在想什么时，洛卡又开口了："妈妈，我竟然对你大吼大叫……其实根本用不着这么吼叫的……妈妈，我陪你好好练习，你尽快学会骑车吧。"

孩子竟在那一瞬间看清了自己的内心。我看到女儿能有这

世间无数的人和事都像镜子一样照着我的心，当然包括人际关系。就像我们站在远处时，看不清镜子里自己的缺点一样，维持着适当距离的关系里，一切都只是朦胧的美。但是当你站在镜子面前仔细观察自己的时候，所有的缺点都原形毕露。同理，和我们关系最亲近的父母和家人，就起到了这面镜子的作用。正是我们最亲密、最放肆、最不设防的这些人，让我们有机会真正爱上自己，连同缺点一起。

种表现，心中感觉非常幸福。

Q：孩子是如何学会那样停下来观察自己的呢？

A：她应该是看着我和我丈夫两人之间的互动学会的，而且我们也会直接指导孩子。虽然我们没有对孩子说出"觉醒"这个词，但仍然很主动地去引导孩子达到觉醒的效果。所谓的觉醒，并不是天生带来的资质，而是靠学习获得的品行。

Q：但是很多父母都很忙，很多夫妇都忙着在外上班挣钱。如果没有时间去教育孩子，给他传输这种价值观，该怎么办呢？

A：没有必要整天寸步不离地待在身边去教导。只要每天抽几分钟的时间和孩子在一起，就足够了。洛卡也不是每天从早到晚都跟着我。但是洛卡很明白妈妈用全身心在爱着她，为她而努力。她知道妈妈在感受自己，而且明白自己在感受什么对于妈妈来讲很重要，这就能给孩子一种安定感和信任感。

不要用竞争和比较的方式激励孩子

Q：如果父母自己的内心就不安稳，自我觉醒也做不到位，无法与孩子用心沟通，会怎样呢？

　　A：那样的父母会造就另外一个悲惨不幸的孩子。如果父母自己就处在混乱的状态，他们的世界里只有伤痛和愤怒的话，那么不管他的情感讯号是指向谁，是配偶、公婆也好，是其他任何人也好，孩子都会一分不少地全部吸收过来。孩子越小越敏感，就越快越多地吸收到你的感情讯号。孩子会将爸爸妈妈感受和思考的东西全部吸收过来。父母的愤怒、憎恶、嫉妒，全都吸收过来。所以父母一定要怀有莫大的责任感，他们自己幸福是非常重要的。

　　Q：如果家中有两个孩子，父母更疼爱其中一个的话，会给孩子带去怎样的影响呢？

　　A：以我自己为例吧。我的母亲更爱大姐，可父亲更爱我。所以小时候我觉得那也算公平，所以并没有对母亲抱有愤怒的感情。但是如果父亲没有给我那么多的关注，也更爱大姐的话，我肯定会很受伤的。最初以怒气开端，结局一定是在心底怨恨父母。

　　我认识一个孩子，他现在正处在青春期，内心十分混乱，他对母亲的愤怒和厌烦情绪很强烈。就是因为感觉母亲更喜欢弟弟，内心才积累了憎恶的情绪。孩子的母亲是一位很好的女士，她其实很爱两个孩子，可母亲的言行举止里却明显表露出她对弟弟更强烈的爱。虽然母亲在心底确实偏爱某一个孩子，可在孩子们面前还是要不露声色。母亲必须要在孩子们面前注意自己的言行举止。因为站在孩子的立场上看，当发现自己在父母心目中的位置不是第一，而是第二或更差的话，他们是很难承受那种感觉的。

Q：很多父母经常将孩子与其他小孩进行比较。这种比较会给孩子带来影响吗？

A：如果我将你和其他人作比较，经过衡量我说那个人比你更优秀，他在很多方面都比你强的话，你心里感觉如何呢？心情很糟糕吧？你已是成年人，情绪都会这样变化，更何况孩子们呢？作为父母，应该将自己的孩子看成是非常特别、独一无二的存在。你要了解孩子的特别之处和他的资质，然后告诉孩子："你是这样子的。你有必要在这几个方面多加注意。"这样就可以了。

但是如果你期望通过将孩子与别人作对比，然后刺激孩子，给他一些动力的话，也说不准孩子会因为不服气而更加努力。有的时候也能如父母所愿。但是孩子的内心会怎样呢？孩子会生气。他们是将愤怒的情感变成了动力，才企图做得更好。

这相当于父母主动教导孩子要待在那种感情状态里。经常反复愤怒、伤心、憎恶之类的消极感情，会给孩子的内心带去很实质性的影响。

当母亲将自己和别的孩子作比较时，孩子心中生发的愤怒是不会那么轻易结束的。孩子长大成人后，哪怕母亲不再对他的人生加以干涉，那种比较的内心和负面的情感还是一样会继续。成年后的孩子会将自己的配偶与别人的配偶进行对比，会将自己的职业、收入、社会地位和别人进行对比，然后让自己活在愤怒的情感世界里。只要他自己意识不到这一点，那么这种感情就会在他其他的人际关系和外部世界中重现。

父母为什么要拿孩子作比较呢？难道不是因为想要孩子变得更出色吗？父母们都认为只要孩子再努力些、能力再强些就能够成功，相信只要孩子成功了便会幸福。很多父母都是这样坚信不疑的——在外部世界中，只要孩子学习好，工作棒，挣钱多，他们就会幸福。但是，即使在比较中长大的孩子真的成功了，他也不会变得幸福。因为他的成功是靠愤怒的情感作为动力的。如果你真的认为孩子的幸福很重要，那么一定记住，作比较的行为是绝对错误的动机产生方法。

Q：父母将自己的孩子与别的孩子作比较，说些"你比他强"

之类的话也不行吗？

A：即便那样称赞了孩子，还是会让孩子慢慢养成对比的习惯。而且孩子无法对那些比自己差的孩子产生慈悲心，很可能会变成以自我为中心的孩子。

不久前洛卡和朋友一起上网球课，她后来对我说希望换个网球教练。我问她原因，才知道原来她的朋友因为这个教练丧失了对网球的兴趣。教练一直对她的朋友这样说："你看看洛卡是怎么打球的。你也学学她，像她那样好好地打。"

洛卡听到这话，感觉朋友的心情很糟糕，所以才希望换一个网球老师。

想清楚，教育是为了孩子还是为了自己

Q：有时候父母将自己的形象看得比孩子的幸福更重要。比如，在外人面前夸奖自己的孩子时父母都会很夸张，那是不是也会带给孩子伤害？看着父母夸张的样子，孩子会感觉到自

己的缺陷和不足，而且在他们眼里，父母这样做不是出于爱孩子，而是为了让自己在人前得意才那样做。对吧？

　　Ａ：是的，这种可能性很大。但是我相信那些父母并没有意识到自己的行为是为了自己，而不是出于为孩子考虑。比如，母亲对别人过度夸奖身边的孩子时，应该也没有意识到那样会给孩子带去伤害，更没有意识到她是为了让自己看上去更优秀才这样做的。

　　我认识的一个母亲带着14岁的儿子去饭店吃饭。母亲一直坚持给孩子吃健康食品。母亲看着菜单，然后对儿子说，要喝健康的饮料，要吃什么饭比较好。儿子一脸不耐烦，将菜单递给母亲说："反正最后都是妈妈你选，那还让我看菜单干什么？你自己看着点就行了。"

　　母亲给孩子点了很多吃的，而儿子吃着饭却对妈妈发脾气。母亲坚信自己这是因为爱儿子而为他做的最大努力。她相信这样做，能将自己童年缺失的母爱悉数送给孩子。

　　其实，这位母亲在很小的年纪时，她的父母为了让她能接受更好的教育，将她送到异地，这件事让她心底很受伤。她感觉自己被父母抛弃了，从小就没有父母照顾，需要独自承担起一切。

　　所以她在自己童年经历的基础上，改变了对爱的看法。"所谓的爱，就是陪伴对方，为他做所有的事情。"作为妈妈，她将儿子强制地带进自己打造的框架里。这其实不是爱儿子，而是利用儿子来弥补自己过去的伤痛而已。她完全没意识到这一点，而且儿子真正想要什么、需要什么，她完全看不到。

14岁的儿子肯定也有决定自己吃什么的权利和欲望，但是母亲没有意识到。她一边用"爱"的名义将儿子朝缺乏判断力、优柔寡断的路上推，同时觉得儿子的情绪反应太过激，还说要带他去看精神科医生。

从这些事看得出，父母自己的觉醒是多么重要。只有当你明白自己被什么样的想法紧抓不放，认识到自己的想法令你无法真正认清和感受孩子，只有这样，你才能发自真心地爱护自己的孩子。这是唯一的解决方法，此外别无他路。

父母的相处模式对孩子的影响至关重要

Q：最近离婚的夫妇越来越多，父母闹分手的过程中，经常将孩子当作砝码和武器利用。这会给孩子带来什么影响？

Ａ：如果孩子感觉到父母在利用自己，就会产生对父母的憎恶情绪。或者他会对父母中的一方更亲近，然后越发厌恶另一方。

如果在这个过程中父母没有关心孩子，导致孩子无人照顾的话，孩子就会这样想："为什么他们觉得自己的人生那么重要，却不重视我的人生呢？"而且他会不只一次这样想。这种想法会不断重复加强，然后变成愤怒和憎恶。在他长大后就会将这种消极的情感转嫁到别人身上。

孩子会见证并亲身经历父母之间的关系模式。作为旁观者，孩子可能会拒绝父母的生活方式，朝着完全相反的方向发展，但也可能像照镜子一样过着同样的生活。看到妈妈和爸爸吵架的样子，孩子会想"我不想变成那样"，但是在孩子的内心已经刻印上了吵架这个印象，内心吸收了它，认知了它，然后就会重演它。孩子在理智上"绝对不想那样"，但他的内心接触到的只有"吵架"，所以不得不那样重演。

比较的习惯也一样。如果你让孩子了解到"比较"，孩子内心认知到的只有这一点，以后就会自动去进行比较。其实意识到内心的力量是如此强大后，有时候也会感到害怕。因为内心是不会乖乖停留在常识和理论的范畴内的。所以为了不再重演那种情况，就要先了解自己的内心。觉醒，这是控制内心的力量、防止悲剧重演的唯一方法。

Q：您说的这种情况和我很像。父母离婚后，我自小就想"不像父母那样生活"，我也想要一个幸福的家庭。但是我内心看到的只有父母的不和，所以我的婚姻也以失败告终。但是我小时候也看到过其他小朋友家庭和睦的幸福场景，那样的经验为什么不会注入我的心里呢？

A：假设有从 0 到 10 的标准，父母的离婚对孩子带来的影响有 7 分吧。这之后孩子在心中不断重复着的某种想法，也会给孩子带来重要的影响。

假设看到别人的幸福家庭给内心带去 3 分的影响，那么人生中还有其他事情会对孩子产生更大的影响。父母的离婚并不一定都会给孩子带去最大的影响。孩子对这个经历是以什么方式思考、思考的次数、孩子对这种体验的感觉，这才是最重要的。它会决定一切。

Q：那么撇开父母离婚的问题，假设孩子因为感觉父母不重视自己而对父母产生很强的憎恶感，他经常怨恨父母，觉得自己的家庭很丢脸，看到别人幸福后不是去感受那份幸福，而是更加怨恨自己的家庭。因为这些想法过去一直支配着孩子的内心，那么它们的力量就会控制孩子的人生吧？

A：是的，没错。这种负面的想法如果耗费了我们太多的能量，就会在不知不觉间支配我们。所以父母要留心观察孩子，要懂得观察孩子的表情、言语、行动，与孩子谈心，了解孩子的想法和感受。不要只是给孩子提供物质方面的便利，这是不够的。当你不断观察孩子，并及时发现孩子走了偏路时，就必须立刻用爱和共鸣去抓住孩子。要做到这一点，父母就必须经常和孩子在一起。你必须每时每刻都保持清醒。只有这样，很多问题才能得到解决。

父母给予孩子最重要的礼物：爱和关注

Q：通过觉醒练习，能改变支配我们内心的很多想法。但是让小孩子做觉醒练习好像有些难度。孩子如果被负面想法和情感包围了，应该怎样帮他转换呢？

Ａ：是的，觉醒能转换思想，也能推翻习惯。但是像我女儿现在十岁，因为还小，所以教给她觉醒是有上限的。

如果孩子有感情上的阴影，那么能消除阴影的唯一方法就是有人持续地给这个孩子浇灌爱和关怀。爸爸、妈妈或者其他人都行。只要有这么一个人能让孩子感受到爱和联结性就行。只要有这么一个人能让孩子相信，即使天塌下来这个人也绝对会陪在他身边，即让孩子能够完全依赖他就行。如果这个人给了孩子安定感和舒心，就能够改变孩子的思维模式，让孩子从阴影中走出来。

假设我现在心情不好，丈夫回家后感受到我的情绪状态，但因为我是成年人，我能利用觉醒的力量摆脱负面情绪。如果我还是孩子，就需要丈夫帮助我摆脱这种糟糕的内心状态。他需要给我爱和安慰，帮助我把内心转变到积极的频道。

孩子需要安慰，也需要感知到我们与他是紧密联结的。这种爱的力量会让孩子从不幸的内心世界中脱离。孩子暂时伤感、暂时愤怒没关系，但是父母必须帮助孩子，保证他不在负面的情绪里逗留太久。父母必须尽最大努力让孩子生活在幸福、安定、自在的状态里。

Q：那么到几岁为止算是孩子，几岁开始需要练习觉醒呢？

其实很多人虽然上了年纪，但人到四十了还和孩子一样。标准是什么呢？

A：如果是四十岁，就一定要学着练习觉醒。我所说的孩子就是到青少年时期以前。这时候孩子最需要大量的爱和尊重，他的身边必须有个能给予他这些东西的人。觉醒，从很小的时候就可以做。我们在女儿很小的时候就开始教她了。帮助女儿感受自己的内心，这就是觉醒的开始。我希望所有的孩子都能从小学习觉醒，因为小时候更容易接受和学会觉醒。

当孩子做错事时该如何应对

Q：如果孩子做错了事，却坚信父母爱自己，会原谅自己，反而变得更加没规矩，变成坏孩子，该怎么办？

A：我们大人也不是完美的，也一样会犯错，会失误。孩子更是如此。但是如果孩子在根源上是幸福的，怎么可能会变成坏孩子呢？怎么会给别人带去伤痛，没有任何罪恶感地去做坏事呢？如果是内心幸福的孩子，一定会有好的行为，因为只有那样他心里才自在。这和人生的法则是一样的。如果孩子幸福，他通常就会努力去延续更多的幸福。

人们尚不够信任爱和喜悦，不信任爱和喜悦拥有的威力。我们常认为爱和喜悦只是人生中的一个小小组成部分而已。作为父母，我们要先培养自己对爱和喜悦的信任。

Q：那么如果父母给了孩子那么多的爱和关注，孩子的"没规矩"就会消失吗？如果他相信不管自己犯了多大的错误，父母都会原谅自己，然后慢慢变成坏人，怎么办呢？

A：如果洛卡做错事被我指责的话，洛卡因为绝对信任我的爱，她就会接受我的指责，并从正面积极的角度去应对自己的错误。但是并不是所有人都能像洛卡这样想。

当孩子做错事被父母指责时，不管父母多么宠爱自己，他们都会在这个瞬间担心自己被认定是"坏孩子"。所以父母要懂得如何安定孩子的内心，这是很重要的。父母要用语言确切地告诉孩子，自己不会因为这么一件事就来评判他，也不会因为这件事就讨厌他。孩子明白这个后一切就变得不同了。如果在他内心平静的时候指出他的错误，孩子就不会怨恨父母，也不会陷入无边的自责中，反而会以积极的心态来接受父母的指责。

父母必须用言语和行动反复告知孩子，不会因为某个错误就对他做评判。要打造和孩子之间强烈的信任关系，要让孩子信任父母，相信父母的爱。在这种心态下长大的孩子才会幸福。孩子幸福的话就会更少失误，也更少做出错误的行为。

Q：如今孩子们的暴力倾向越来越严重，他们经常排挤同学。父母知道这件事时，需要为比负什么责任吗？怎样能改善这种状况呢？

A：如果孩子自己都没看过、没经历过这样的事情，怎么可能会以言语和行为的方式转移到别的孩子身上？如果是父母将这些不好的行为展示给孩子看到，那么父母就必须先改善自己的行为。但是有些孩子是模仿其他孩子的行为，然后去排挤其他同学。

内心的不安和恐惧会表现为暴力。承受过暴力的孩子因为内心不安，会再次招来暴力。如果孩子是跟其他孩子学到这种暴力，孩子的行为就会变得怪异。这时如果有一个和孩子关系亲密、联结性强的人能看到孩子的变化，那么就能控制这个局面了。

这时候和孩子坐下来交谈的话，就会发现孩子内心有很多感情方面的混乱。这时候就要感受孩子的痛苦，帮他消除痛苦。比如，孩子伤感的时候，就要让他说出为什么伤心，让他充分感受自己的感情。孩子懂得感受自己的伤感的时候，他就能对别的孩子的伤感产生共鸣。孩子如果不懂得感受自己的伤痛，自己给别人带去伤痛时他是无法体会对方的那种痛苦的。

所以父母必须帮助孩子先消除内心的伤痛。否则，孩子既不会感受到自己的伤痛，还会给周边的人带去伤害。

如何改善已经僵化的亲子关系

Q：如果孩子不信任父母，不能敞开心扉跟父母谈心，该如何做呢？

A：这种情况很难办。首先应该反复用行动让孩子感知到父母的爱。除了父母以外的其他人也行。重要的是不要放弃，要反复去表达爱。因为，如果孩子已经对父母关上了心门，认为父母不爱自己的话，再去调整和孩子的关系时，需要付出相当多的努力。但是这并不是不可实现的。只是为了让孩子重新对这段关系产生信任，需要你付出更多的努力、时间和行动。

Q：当孩子被父母伤过两三次后，那份苦痛就会在内心深处存留，但是父母照顾自己那么多年的记忆却不会在心底留下痕迹，原因是什么呢？

A：我想这要归因于我们大脑自身的缺陷。人们在寻找生存方法的过程中，为了避免在未来遭遇到肉体、精神上的苦痛，会更加强烈地抓住苦痛。因为只有清楚地记住那些苦痛，下次才能绕开它，继续走下去。所以大脑就朝记住苦痛的方向进化了。

Q：有克服这种缺陷的方法吗？

A：人们都有习惯性地紧抓苦痛的倾向。如果你能明白那只是人类的一个习惯而已，就比较容易放下这个习惯了。在青少年时期给孩子种下觉醒的种子，那么孩子就能更容易靠自己的力量摆脱掉伤痛和愤怒。不再背负负面的情感，人生也就更加轻松了。背着伤痛生活，这对孩子来说是非常辛苦的人生。

如果不经历痛苦和磨难，未来的生活也不会很容易。但是当痛苦来临时，你就要充分认知到自己在痛苦，要懂得感受这份痛苦，观察这个正在伤心的自己，然后对自己产生慈悲心。这时候你就会很理解那份痛苦，也不会再去给别人制造这种痛苦了。

孩子非常需要一个彼此联结的可靠之人

Q：最近在电视节目中看到一个被同学排挤的孩子。他比同龄人更加魁梧，却被同学们嘲笑玩弄。他又要给同学跑腿买烟，又被抢走零花钱。但是这个孩子虽然被这样对待，却只是默默接受，等放学后还和欺负自己的这些同学去打游戏。

主持人问他为什么被这么欺负了还和这些人一起去玩，这个孩子说如果不听他们的，将来会被欺负得更惨。而且除了跟那些人一起去玩，自己也没有其他事情去做。他说不想一个人独处，也没有其他人陪自己。我们应该给这种孩子提供什么样的帮助呢？

A：因为身边没有带有联结性的可信之人，所以孩子才会这样。我们什么时候会感到孤独呢？不是有了 100 个朋友后就不会孤独了。只要有一个人就行了。如果孩子说讨厌孤独的话，那就意味着他身边没有这样一个人。所以孩子为了避免那份孤独，宁愿选择被别人欺负。

另外，这个孩子好像已经在这种苦痛中中毒了。如果他沉浸在这种中毒状态的话，就必须得自己觉醒了。

Q：他还是个孩子，进行观察、感受痛苦的觉醒练习其实并不容易，需要很坚定的决心和勇气。

A：只要有期望幸福生活的强烈意志就够了。只要有期望活得更高兴的意愿，又十分重视内心的幸福，这就够了。

Q：但是如果他没有经历过幸福，孩子又如何会下定决心希望得到幸福呢？

A：如果孩子没有幸福过，就要意识到自己的痛苦，全身心去感受那份痛苦。如果有意识地去感受那份痛苦，就能明白那是多么折磨人了。这样他就会自动选择幸福。他会发自内心想从痛苦中脱身。

需要有个人能帮助那个孩子真正去感受自己的痛苦。要让孩子发自内心主动感受那份痛苦，作出从那份痛苦中逃脱的决定。否则，孩子将来长大成人后，就会变成畏惧心重的人，或者变成无法体会别人痛苦的麻木之人。

这就是自然的法则。内心看到什么就做什么，而且还不断反复自己所看到的，让它在生命中持续。

Q：那么父母就有义务让孩子看到其他方式的人生了吧？

A：是的。父母要慢慢展示给孩子看。变化不是一朝一夕发生的，需要持续不断地努力。

Q：我看那个节目，感到非常惊讶的一点是，那些排挤朋友的"小霸王"其实都是条件不错的孩子。他们学习好，家境也不错。所以他们的父母也完全不知道自己的孩子在欺负其他孩子，他们还一直以为自己的孩子是模范学生呢。

A：竞争会杀死人。竞争会让人心里产生攻击性。孩子们的内心里都潜藏着太多的攻击性，所以爱的重要性也都消失了。唯一重要的变成我是否得到自己想要的、我是否能得第一名、我的面子和形象是否完好无损。他们在乎的都是"我"——我的东西、我的形象，这些全部和"我"有关。我们就是活在这样一个只重视自己的社会中。

过度重视自我的社会，势必充满了竞争和比较。孩子在这个社会中不断接收到竞争、比较、攻击的信号，心底压上了"你必须时刻比其他孩子出色"的重担。没有人再去指导他体会内心的爱、喜悦、平和与幸福。

我们都在逼迫孩子。我们对孩子的感受和心情毫无兴趣，只是关注他的成绩。在这种社会中任何人都得不到幸福。如果你不重视孩子的心情和内心状态，那么孩子终其一生都不会体会到真正的爱和幸福，也就不懂得什么叫作喜悦。

尾 声

我们的选择决定一切

"我的人生没有问题。我做到这样已经很满足了。工作、健康、金钱、人际关系，一切都还不错。"

很多人都这么说。但是工作总是时好时坏，身体健康也可能急转直下，金钱也会从有到无，周围的人也可能很快离开。这些东西都是存在于外部世界的。而且在外部世界发生的事情中，只有很少一部分是在我们的掌控范围内，更多的事情是我们无法预测和掌控的。不管我们的意志如何，困难总会来临。

但是内心世界却不同。内心处在我们的势力范围内，完全由我们自己掌控。是要继续在痛苦中沉沦，还是逃脱出来拥抱自由，这都是我们的选择。换句话说，我们没有必要为外部世界的事情而痛苦，因为外部的所有人和事都和我们内心的痛苦无关。

我们没有留心观察到的那些内心想法才是自己痛苦的根源。只有它才能带给我们痛苦。但幸运的是，通过对内心进行观察和觉醒，我们就能从这些让我们痛苦的想法中逃脱。只有在内心变得平和以后，我们才能在外部世界游刃有余，遇到任何事都能智慧地应对。

　　人们的内心都是一样的。我们每个人都需要分享爱。我们讨厌痛苦，害怕受到伤害。我们都想幸福快乐地活着。虽然每个人的背景、学历、外表、人生轨迹都不相同，但是我们内心所期待的东西、内心感受到的情感却是一样的。外部看到的彼此间的差异，都只是表面的差异而已。事实上我们并没有那么不同。我们都是一样的，都是彼此联结的。这是我们每个人都要了解的人乊真相。

　　我之所以能领悟到这一点，要格外感谢印度合一大学克里希纳（Krishna）院长的指点。他对我的人生产生了极大的影响。实话说最初我并未意识到这一点，我对他的第一印象是，这是一位年轻、聪明、乐观的印度老师。可是相处的时间越久，我越好奇："不管遇到什么难关，他总能泰然处之，自始至终都保持着微笑。他到底是如何做到的呢？"

　　至少，包括我在内的很多人遇到人生难关时内心都会产生波动。要么变得意志消沉，要么浑身充满攻击性，慢慢变成麻木或者多疑的人。但是克里希纳院长从未改变过，哪怕遇到再难的逆境，他都能始终如一，时刻保持着爱和喜悦，有他在的地方总是充满了爱。

　　并不是他不懂得愤怒，而是他在愤怒、埋怨等消极情感产生的时候，迅速通过观察和觉醒消除掉那些情感，回归喜悦。"真的是怎么教就怎么做，怎么做就怎么教啊。"我经常看他发出这种感慨。周围的人都喜欢围拢在他身边，因为他能带给人一种幸福和祥和的感觉。

　　我谨以此书向克里希纳院长、普里萨院长以及合一大学的所有老师表示最深切的谢意。这本书中记载的有关我和朋友们的经验和心得，都是因为有他们的教导才得以存在。我还要向那些允许我将他们的经历记录到书中，正在努力练习觉醒的朋友们表示最衷心的感谢。

（京）新登字 083 号

图书在版编目（CIP）数据

一切的改变，从心开始 /（韩）闵轸熙著；史倩译 .—北京：中国青年出版社，2015.6
ISBN 978-7-5153-3346-5

Ⅰ.①一… Ⅱ.①闵… ②史… Ⅲ.①人生哲学—通俗读物 Ⅳ.① B821—49

中国版本图书馆 CIP 数据核字（2015）第 101448 号

版权登记号：01-2014-5338

责任编辑：李凌　段琼
装帧设计：棱角视觉

出版发行：中国青年出版社
社址：北京东四十二条 21 号
邮政编码：100708
网址：www.cyp.com.cn
编辑部电话：（010）57350520
门市部电话：（010）57350370
印装：北京科信印刷有限公司
经销：新华书店

规格：880×1230　1/32
印张：8.5
字数：100 千
版次：2015 年 6 月北京第 1 版
因此：2015 年 6 月北京第 1 次印刷
定价：32.00 元

本图书如有印装质量问题，请凭购书发票与质检部联系调换　联系电话：（010）57350337

中青时尚

中青时尚系列

有一条裙子叫天鹅湖

成就最美好的自己
黑玛亚身心灵美丽策划书

让我发现你的美
黑玛亚形象设计手记

我的衣橱经典
高端形象顾问的穿衣智慧

亲爱的，你要更美好

悲欢有时，唯爱永恒

一切的改变，从心开始

晓梅说商务礼仪

全方位做女人
晓梅说美颜

全方位做女人
晓梅说塑身

晓梅说礼仪

穿出你的影响力
晓梅说高端商务形象（男士篇）

穿出你的影响力
晓梅说高端商务形象（女士篇）

活出你的女人味
10 个失落的女神秘密

穿出你的品位

戴出你的格调